U0302380

贝页

ENRICH YOUR LIFE

贝页
ENRICH YOUR LIFE

花朵小史

[英] 卡西亚·波比 著
杨春丽 译

Kasia Boddy

BLOOMING FLOWERS

A Seasonal History
of Plants and People

文匯出版社

献给阿黛尔·沃泽布斯卡·波比（Adele Wirszubska Boddy）
并怀念弗朗西斯·安德鲁·波比（Francis Andrew Boddy）

这是一个鲜花盛开的世界。

——亨利·戴维·梭罗

目录

夏

秋

冬

采撷花朵

据《北美心理学杂志》(*North American Journal of Psychology*)2012年的报道，手捧鲜花的男性更容易搭上顺风车。我理解其中的原因。如果一个男人内心酝酿杀机，他不会驻足，先捧起一束牡丹花。但是，研究人员认为，这其中还有更重要、更积极的因素——当邀请手捧鲜花的人坐进我们的车里，花朵会“诱发”强烈的情感。

本书就是要细说这种强烈的情感。

有时，正是花朵的颜色和形状的特殊组合攫取了我们的目光：百子莲深沉的蓝色，向日葵的对称，绣球葱完美的球形，毛地黄优雅的穗状花序。花朵赋予我们永不枯竭的审美教育，我们也从所受教育的视角审视花朵。水仙花让D.H.劳伦斯（D.H. Lawrence）忆起“枝头上受惊的鸟儿”；黄色的计程车让诗人弗雷德里克·赛德尔（Frederick Seidel）想起水仙花。约翰·拉斯金（John Ruskin）盛赞一束银莲花的花朵“是世间的尤物，其纹理色泽丰富，微微颤抖时，它的敏感与灵巧仿佛小提琴在白色背景的紫花丛中奏起音乐”，让我们体会极敏锐的鉴赏力。1954年，在“2月最后一天”的下午5点钟，时任纽约现代艺术博物馆馆长的詹姆斯·斯凯勒（James Schuyler）看见办公桌上郁金香葱茏的叶子、粉红的花朵在曼哈顿落日余晖中熠熠生辉，眼前的美景让这位诗人“心醉神迷”。

花朵不只外表美。令人迷醉的有时是花的芬芳：弗朗西斯·培根（Francis Bacon）称之为“花的气息”。邻居的茉莉花从栅栏那边探出头来，一阵芳香随风袭来；夏季我们赤脚拂过百里香时，它的芬芳突然沁人心脾；我们吸入麝香蔷薇的花香时，霎时间神魂颠倒。遗憾的是，育种工作者在培育新植物时，醉人的芳香在清单上总是处于次要位置。人们重视花朵的大小、颜色，更重视花期以及运输的便利，以这样的标准筛选、培育花种。然而，花店的店主说，顾客进店后首先会躬身到花朵前，嗅探花朵的香气。

我们热爱花朵，除了享受感官刺激，还会产生丰富的联想。与花朵相关的联想经过几个世纪的演变，在传奇故事、历史、谚语、诗歌、绘画和印花壁纸中传递给我们。花朵在大自然里盛开，也在我们的文化里绽放。女孩儿用花的名字命名，比如：莉莉（Lily，百合花）、莎弗朗（Saffron，番红花）、波比（Poppy，虞美人）、罗丝（Rose，玫瑰）和黛西（Daisy，雏菊）；我们也喜欢使用某一种花的拉丁语博物学命名来营造幽默的效果。小说家尤多拉·韦尔蒂（Eudora Welty）是夜花仙人掌爱好者俱乐部的成员，俱乐部持守的箴言是“不可过于‘刻意’，生活如此神秘”[1]。

开花植物象征生、死和生死之间几乎任何一个意义重大的场合。难怪这些植物占据我们最早期、最深刻的记忆：在公园里编织雏菊花环；采摘了邻居的郁金香而受到数落；播下向日葵的种子，盼它发芽，看着幼苗成长，仿佛会长到天上去。花甚至不必是真的。弗吉尼亚·伍尔夫（Virginia Woolf）曾描写过银莲花：“黑底上绽放红色、紫色的花朵，那是我母亲穿的衣服；她坐在火车或者公共汽车上，我坐在她的大腿上。因此，我真切地看见她衣服上的花朵，至今依

---

1 此句箴言源自1931年杰克·希尔顿（Jack Hylton）创作的《生活是一碗樱桃》这首歌的歌词：“Life is just a bowl of cherries. Don’t take it serious. Life’s too mysterious”（生活是一碗樱桃。不可过于刻意，生活如此神秘）。夜花仙人掌俱乐部用植物学属类名称玩诙谐的文字游戏，将歌词改为“Don’t take it ‘cereus’. Life’s too mysterious”，作为俱乐部的箴言。仙人掌的植物学名称“cereus”与“刻意”（serious）发音相同，从语音上突出“刻意”之意，又从文字上点明俱乐部的主题是仙人掌（cereus）。——译者注

然能看见那些紫色、红色和蓝色的花朵，我相信，那是在黑底上绽放的花。”

香水会重现这样的瞬间。一种香水让人联想到某种花的香味，可这种花朵的芳香往往和香水本身的香味大相径庭。马克·雅各布斯（Marc Jacobs）为了让人想起“一种本土常见的、令人倍感亲切的花朵”，他研制了“雏菊”香水，可是雏菊没有浓郁的花香，他便以茉莉花取而代之。“帕尔玛之水”（Acqua di Parma）这个品牌的“樱花”香水，设计的初衷是，即使无法唤起樱花的香味，也要让人们的脑海里浮现“满树樱花盛开”的“情景”。这款香水加入了茉莉花的成分，还有香柠檬草和粉红胡椒。

《戴花环的女人》，约1910—1920年

我们钟爱花朵，还有一个原因。我们用花来交流人生中的大小问题：爱情、死亡、阶层、时尚、天气、艺术、疾病，还有空间的流徙、时间的流逝，对民族、宗教和政治事业的忠诚。花朵是人类历史最悠久的交流媒介。我们以鲜花或者与花相关的绘画、文字作为赠礼，表达浪漫的感情、沉痛的哀悼抑或深深的歉意。公共健康运动、战争记忆和反战情绪都离不开花朵。劳拉·道林（Laura Dowling）最近撰写了一本回忆录，描述她帮助奥巴马政府开展的“鲜花外交”。在世界其他地方，康乃馨曾讲述过俄罗斯和葡萄牙的革命故事，而藏红花现在也讲述印度民粹主义的故事，爱尔兰的新教和天主教都使用百合花。所有这些故事都记录在本书里。

一本书要讲述人和植物的故事，就要探讨问候卡、勋章、箴言、灯、歌曲、照片、药品、电影、政治、宗教和食物。此外，人和植物的故事也离不开绘画、戏剧、诗歌和小说，因为这些艺术作品探索、挑战、重构花朵千变万化的意义。一切如同交通，是双向的。著作是由人撰写的，人们几乎一直把书比作花环、花束和围墙内的花园；当全然无关的因素荟萃于书中时，这样的比较尤为恰当。从词源上看，“选集”（anthology）的词义即“花朵（*anthos*）的集锦（*legein*）”，强调“选集”是经过精心挑选、尤其是艺术类作品的集合。

《花朵小史》这本书也遵循上述传统，16种不同的植物在书中荟萃。有花园和花店里人们最喜爱的花朵，也有田间的作物；有一年生植物，也有多年生植物；有灌木，也有乔木。我没有尝试探讨每一种植物的不同属类，事实上，本书有四分之一的空间都在探讨菊科的成员；甚至也没有强调花朵颜色的多样性——本书有许多黄花！多样性以其他不同的方式呈现。有些是野花，蕴含亘古绵延的联想；有些植物因为某个帝国的扩张而开始引人瞩目；有些植物则是近期工业化花卉园艺的产物。所有这一切造就了今天花店里的混合花束。藏红花的植株仅几英寸高，杏花却在大树上怒放，然而，我会尽力把选取的16种花插进一个花瓶。这些花在本书中享受同等地位（这也是本书最大的优势）。我不敢许诺我的文笔如花束一般五彩缤纷、芳香四溢，但是，我希望这本书的生命比花朵更经久不衰。

雅各-劳伦·阿加斯（Jacques-Laurent Agasse），
《花朵研究》（*Studies of Flowers*），1848年

在花朵引发的联想中，最根本的是永恒的哲学问题：表象与现实，生与死，时间的本质等。在许多道德说教者看来，花朵之存在，其基本意义在于教导我们：我们的眼睛欺骗我们；在任何情况下，美都不长久。《圣经·旧约》有语："花必凋残；唯有我们上帝的话，必永远立定。"[1]此话人们反复诵念。诗人罗伯特·赫里克（Robert Herrick）告诉我们，"今日

1 引语出自《圣经·旧约·以赛亚书》第四十章第八节。——译者注

含笑斗艳/明日竟成落英”；莎士比亚说，“踏着樱草花之路的人”奔向“永劫之火”（语出《麦克白》剧中的看门人）。[1]在16世纪，在亨德里克·戈尔齐乌斯（Hendrick Goltzius）创作的一幅肖像画里，一个年轻男人手持两朵花，其中一朵看似蒲公英，“白绒球”里的种子正四处散播。这幅肖像画上有一句拉丁语格言：“因此传递世俗的荣耀（*sic transit Gloria mundi*）”，可谓画龙点睛，重点突出。近年来，装饰艺术家阿

肖像画《手持花朵的年轻男子》部分细节，
亨德里克·戈尔齐乌斯，1582年

1 莎士比亚的悲剧《麦克白》第二幕第三场中，鬼门关的守门人说：“凡踏着樱草花之路奔向永劫之火的人，各个行业的，我本想都放进来几个（I had thought to have let in some of all professions that go the primrose way to th' everlasting bonfire）。”习语“樱草花之路”（the primrose way）指追求享乐而走向堕落的道路。——译者注

《绿梗上的万朵红玫瑰》局部，阿尼亚·加拉乔，2012年

尼亚·加拉乔（Anya Gallaccio）的作品《绿梗上的万朵红玫瑰》（*Red on Green*）对这个主题进行了重构：剪掉一万朵红玫瑰的花茎，将花朵摆放在绿色花梗铺成的床上，整齐地摆成一个长方形，让花朵逐渐枯萎、腐烂。加拉乔与戈尔齐乌斯在时间上相差400多年，与其说她关注生命的短暂，不如说她更关注艺术的无常和玫瑰之美的转瞬即逝。大量的玫瑰从几千英里以外的地方运送到这里，几天之后便腐烂被丢弃。2017年，有40亿朵鲜花从哥伦比亚空运到美国。

人们在讨论生命之短暂时总说到玫瑰。伊索在寓言里让玫瑰和苋菜（当然他所指的植物可能和我们今天认识的苋菜有所不同）展开一场辩论。苋菜赞慕玫瑰的美丽，旁边的玫瑰却说："即使无人采摘，我也会枯萎凋残，你却能永不褪色，青春常驻。"伊索赞赏苋菜，苋菜被收割、晒干之后，其花依然保持原色。难道永恒胜过短暂的荣耀？有人不以为然。在本书中我从截然相反的两种观点出发选取了花朵：玫瑰花和虞美人，其短暂的生命提醒我们，生命的消逝不可逆转；然而，康乃馨和菊花健壮、坚韧，鼓励我们坚韧前行。

花朵的整体意义以及某种花特定的含义，总是相对而言的；也就是说，花朵只有在某种对比中才诞生意义。在颀长（且“洒脱”）的向日葵的对比之下，紫罗兰就显得矮小（且“羞涩”）；野生的雏菊比温室里的兰花更自然质朴；天然的兰花胜过以金属丝做花梗的丝绸玫瑰花；进口的植物颇具“异域风情”，然而它的奇异情调为时不久，很快就沦为本土植物，不再享有特殊待遇（墨西哥的万寿菊来到印度，南非的天竺葵被进口到欧洲，便属此类情形）。哈丽叶特·比彻·斯陀（Harriet Beecher Stowe）在《汤姆叔叔的小屋》（*Uncle Tom's Cabin*, 1852）里，明确区分了奴隶主奥古斯丁·圣·克莱尔（Augustine St. Clare）在新奥尔良“奢华的”庭院和奴隶汤姆在小屋周围打理的“整洁的园圃”。圣·克莱尔的庭院栽种的都是“精挑细选的热带开花植物”，其中有“生着墨绿叶子的阿拉伯茉莉花”；汤姆叔叔的小屋是奴隶身份的标志，周围的园圃种植的是“茂盛的一年生植物”。圣·克莱尔的玫瑰丛“郁郁葱葱”，它源自异域、经过培育，吃力地“托着繁盛、沉重的花朵”，而“汤姆的本土野蔷薇”强劲地、争先恐后地在一堆圆木上攀爬。斯陀传递的信息显而易见。

不同种类的玫瑰花蕴含哪些不同的意义？用白色百合花

和橙色百合花做装饰，各有什么含义？本书相关的章节会揭开这些传统意义的密码。了解这些意义是有用的，但是，传统存在的时间愈久，打破传统的诱惑力就愈大。我们会说，五月甜美的花朵我们看腻了，来欣赏几朵D.H. 劳伦斯笔下“黝黯腐朽的纯洁之花”。《汤姆叔叔的小屋》作为畅销书在全球流行仅7年后，夏尔·波德莱尔（Charles Baudelaire）的诗集《恶之花》（*Les Fleurs du mal*）问世，他直接挑战19世纪人们对花朵的虔诚之心。在《恶之花》中的《腐尸》这首名诗里，叙述者对自己的爱人说，在夏天一个美丽的清晨，他们去田野里散步，偶遇一具尸体腐烂在草地上，她几乎昏厥。我们见过腐尸，可是诗中叙述者的爱人几近昏厥，那是因为太阳照耀这“绚丽的尸首/像盛开的花朵”，一具腐烂的尸体像绚烂的花苞在绽放。波德莱尔问：“你想要死亡的警示吗？”他又答，这警示就在这草地上。

几个世纪以来，与花朵有关的联想不断增加，这个沉重的包袱大多落在女性身上。她们要么是花蕾般的少女，要么是埃米莉·狄金森（Emily Dickinson）诗中的风信子松开自己的腰带去迎接“蜜蜂爱人”。女性的眼眸是紫罗兰，面颊是百合花，嘴唇是玫瑰，大腿是荷花。在18世纪，人们认为，在野外“采集、研究植物”是“女士”锻炼身体、滋养心灵的最佳方式，而在花园里掘地种花的最好是“矮壮、活跃的女孩”。路易莎·约翰逊（Louisa Johnson）在早期一本园艺指导手册（1839）中说，“许多女性都经不起弯腰种花的辛劳”，因此，对养花种草有执着爱好的妇女应当选择位置较高的苗圃。

女性几百年来接受的教育是，她们像花朵一样脆弱、美丽、被动，因此，许多女人利用花朵这个媒介，甚至修改这个媒介。英国争取选举权的女子团体[1]选用人们传统上认为胆怯的紫罗兰作为自己的颜色，我们却从中能看到她们的叛逆精神。诗人玛丽安娜·穆尔（Marianne Moore）说玫瑰之美是“累赘而不是财富”，要让玫瑰承认自身的刺才是“最美好的部分”，由此可见诗人的叛逆。在黑人艺术运动[2]的巅峰时期，艾丽斯·沃克（Alice Walker）赞扬“革命的矮牵牛花”，格温德琳·布鲁克斯（Gwendolyn Brooks）则赞美那“狂怒之花”仰起“面孔，无所顾忌”。近年来还有丽塔·达夫（Rita Dove），她歌颂晚樱草，说它们“彻夜怒放，却不为了谁”，鲁皮·考尔（Rupi Kaur）鼓励女性效仿向日葵花，“选择活出/最璀璨的生命”。

1 英国争取选举权的女子团体（British Suffragettes）源自英国政治活动家埃米琳·潘克赫斯特(Emmeline Pankhurst,1858—1928）于1903年成立的妇女社会政治联合会（British Women's Social and Political Union，简称WSPU）。该女子团体为妇女争取选举权，其徽章和旗帜使用绿色、白色和紫色三种颜色，象征希望、纯洁和尊贵。——译者注

2 黑人艺术运动（Black Arts Movement）是1965至1975年间非洲裔美国作家和艺术家引领的艺术运动，诗人、小说家依马穆·阿米里·巴拉卡（Imamu Amiri Baraka）是此次运动公认的发起人。他们开创黑人美学理论，鼓励黑人以多种形式表达艺术审美。在这些作家中，托尼·莫里森（Toni Morrison）、艾丽斯·沃克、尼托扎克·尚格（Ntozake Shange）的名声如雷贯耳。——译者注

何为璀璨的生命？我们指望花朵回答这个问题，因为我们通常把花当作装饰品，不是必需品。浪漫主义作家拉尔夫・沃尔多・爱默生（Ralph Waldo Emerson）让笔下的花朵郑重声明：“美纵有一丝光亮，价值也超越尘世一切有用之物。”然而，实用主义者说，花不能充饥果腹。富兰克林・D. 罗斯福（Franklin D. Roosevelt）在1936年总统竞选期间确实有过此类言辞，主要原因是他的对手、共和党人阿尔夫・兰登（Alf Landon）是堪萨斯州（昵称“向日葵之州”）的州长。美国选民深信罗斯福及其“新政”会让他们饱足，终使他以压倒性优势赢得连任。颇具讽刺意味的是，向日葵千真万确可以食用。毋庸置疑，开花植物的许多部分都可食用。本书涉及的食物也源自花的种子（杏仁）、果实（玫瑰果、向日葵）、花梗和根茎（荷梗、莲藕），甚至花的柱头（藏红花）。

也许最根本的因素是人们开始享受奢侈生活。毫无疑问，任何一种文化都是在满足基本的农耕需要之后才开辟花园，享受愉悦。几千年来，种花（而非在树林里采花）一直是富人奢侈的享受，因为唯独富人有财力购置种花的园地、雇佣工人打理花园。人类学家杰克・古迪（Jack Goody）的研究表明，随着现代城市、商业文化的发展，中产阶层的权力随之增长，工人阶层、消费者的权力最终也逐渐增强，现代花朵文化在很大程度上是在这个过程中诞生的。人们逐渐把花朵与有能力支付的奢侈生活联系起来，这是一个革命性的观念。

1910年，芝加哥的一位工厂检查员海伦・托德（Helen

Todd）为妇女争取选举权时说：“妇女在世界上承担母亲的角色，她们的选票将推动社会走向有面包的生活，有家、有房舍、安全的生活。政府保证母亲的发言权，这就意味着在这个国家诞生的每一个孩子都将享有生命、音乐、教育、自然、知识这朵朵盛开的玫瑰。”第二年，詹姆斯·奥本海姆（James Oppenheim）发表了一首诗歌，把这个观点变成一个战斗口号：“是的，我们为面包而战，我们也为玫瑰而战！”这一呼声响彻各种各样的社会背景，服务于各种不同的事业，从未消逝。这个观点不言而喻：人不该被迫在面包和玫瑰、煎饺和樱花（日本有“舍鲜花而选煎饺”的谚语）以及“事实”与“地毯上的花朵图案”[1]之间作出二选一的抉择。难道我们不能两者都拥有吗？难道我们不是两者都需要吗？

在第二次世界大战期间，英国政府号召每个人“为胜利而掘地”[2]，种植蔬菜，当时，英国的园艺新闻报道恳请民众把鲜花保留下来。有一本花卉种子目录还提醒买主说，鲜花不仅使他们的家“熠熠生辉”，也使他们的“精神世界”“更加敞亮”，养几株旱金莲或万寿菊不会占用很多空间，但是

---

1 狄更斯在小说《艰难时世》（*Hard Times*）里描绘了功利主义的学校教育。学校警告孩子们，必须抛弃幻想，只看重现实：“事实是，你们不能踏着鲜花走路，所以，你们使用的地毯也不许有花朵图案。”（见《艰难时世》第一卷第二章）——译者注

2 在第二次世界大战时期间，英国因粮食供给不足，农业部发起一场“为胜利而掘地”（Dig for Victory）运动，鼓励全国民众开辟园地，刨地种植蔬果。英国人固然爱花，他们依然响应政府的号召把自家的花园变成菜地，为早日胜利而共渡难关。——译者注

种花可以“舒缓神经”。

这样的想法可以追溯到遥远的过去。有人说它源自先知穆罕默德的思想，有人说它源自希腊的盖伦（Galen）医生。据说，穆罕默德或盖伦医生曾经说过：“一个人若有两块面包，请让他用一块面包换几束水仙花；因为面包是身体的食物，而水仙花是灵魂的食物。”其他版本则用风信子或百合花代替了水仙花。但是，1910年，作为“美国丽人”（American Beauty）化身的长梗玫瑰成了最终的奢华之花。社会学家索尔斯坦·凡勃伦（Thorstein Veblen）因为提出“炫耀性消费”（conspicuous consumption）、“花瓶”妻子等术语而名声大噪。他认为，奢侈的花朵（如同安哥拉猫、修剪整齐的草坪等呈现的“金钱之美”一样）是“高价的标志”，仅此而已。然而，从总体上看，培育这种长梗玫瑰恰如其分地说明公司资本主义的运作方式。1904年，美孚石油（Standard Oil）创始人的儿子小约翰·D.洛克菲勒(John D. Rockefeller Jr.)在大企业(比如，他自己的企业）的成长和“美国丽人”玫瑰的成长之间作了闻名天下的类比。此二者的“辉煌”皆归因于“适者生存”，是“自然律和上帝法则运作”之结果。这个比较很快臭名昭著，随之就有人设计漫画，讽刺洛克菲勒为了成就美孚石油这朵玫瑰而修剪花枝、“牺牲花骨朵儿”（画中满地的小骷髅）。

作家、文人一直在描写人们对鲜花的培育和欣赏，记录辛苦劳动之人萌发的审美情感。克劳德·麦凯（Claude McKay）有诗云：“他虽是雇工/如同机器劳作到筋疲力尽/但他对美依然渴望。”D.H.劳伦斯这样描述：诺丁汉郡的煤矿工人在自家后花园里凝视朵朵鲜花，他们那“超然沉思的奇特表情”说明“他们真正意识到美的存在”。劳伦斯坚持认为，他们对花没有赞叹或喜悦之情，只是在面对这些花朵时得体地陷入漠然的沉思。因此，劳伦斯总结道，这种沉思说明他们是“新生的艺术家”。

园艺是“新生的”艺术，这也是艾丽斯·沃克1971年发表的《寻找我们母亲的花园》（“In Search of Our Mothers' Gardens”）一文的主题。这篇文章描述了她的曾祖母、祖母和母亲三代“有创造性的黑人女性”，能够获得的有限的情感宣泄途径。沃克赞扬她们在日常生活中表现出的“创造性”：缝被子、唱歌，更重要的是打理花园。她母亲的花园在她笔下极其动人，花园“色彩绚烂，设计独特，生机勃勃，创意

小约翰·D.洛克菲勒和一朵美国玫瑰。盖伊·斯宾塞（Guy Spencer）1905年发表于《平民》（*The Commoner*）杂志的一幅漫画

非凡，景色壮观”，开车路过的陌生人禁不住停下来，“在我母亲的艺术品里伫立或徜徉。”

沃克在佐治亚州长大，与南方的另一位黑人小说家理查德·赖特（Richard Wright）相距不远，只是赖特早出生几十年。赖特青年时代生活过的密西西比河三角洲也是一个美丽的地方，苹果树的花蕾“笑着绽放”，夏天的空气里弥漫着木兰花的馨香。但是，赖特和沃克、麦凯、劳伦斯不同，他竭力探寻一年四季千变万化的优美风景如何催生真实的艺术。密西西比河的佃农们日复一日“起早贪黑地劳作”，在他们眼里，一年的循环和四季的花朵毫无意义。赖特站在佃农的视角说：“春夏秋冬，时间无情地从我们身边溜走。”

我们根据自己生活的地方和生活方式，将一年划分为不同的时段。倘若我们依赖播种、准备草料、收割谷物的时间，那么四季对我们就至关重要。过去一年哪些花朵盛开，某个圣日的天气状况如何，人们常常通过这些现象预测来年的情况。雪滴花在圣烛节（2月2日）已漫山遍野；番红花在圣瓦伦丁节（情人节，2月14日）争奇斗艳。从根本上看，季节变化与光有关。四季节律反映的是一年中地球绕太阳公转时与太阳之间的相对位置。每年夏至日白昼最长，冬至日白昼最短，而在春分和秋分时，白昼与黑夜等长。气象历法则更为简单：一年四季，每个季节恰好历时三个月。倘若我们考虑自然现象（比如季风、飓风）的规律性，或者从生态角度判断四季（比如第一朵雪滴花开花、布谷鸟的第一声啼鸣标志着春天的到来），四季就有了变化的幅度。当然，这一切还取决于你住在地球上的哪个地方。

“四季分明”这个概念在许多地方都行不通。例如，印度本着实用性把一年视为六个季节，每个季节时长两个阴历月；埃及依据尼罗河泛滥的时间将每年划分为三个季节。约翰·缪尔（John Muir）指出，加利福尼亚的中央山谷只有春夏两季：春天在11月开始，这个季节“鲜花烂漫，植被繁茂，欣欣向荣”；但是到了5月底，“植物仿佛经过炉子的烘烤，干枯、易碎、了无生机”。加勒比海地区也经历两个季节，诗人德里克·沃尔科特（Derek Walcott）认为，这两个季节体现了“旱季和雨季双重的力量”。沃尔科特抱怨道，欧洲人“认为这种气候无季节、无差别”，因而认为西印度群岛的人“不可能有艺术才华”。沃尔科特还特别指出，西印度群岛的人“朗诵着四季颂（Odes to the Seasons）长大”，所受的教育让他们相信，艺术的最高境界源自“那短暂、转瞬即逝的气候”，因而“不免心生恐惧”，担心自己“轮廓分明的视野如同字母ABC或绘画的三基色一样过于原始、基础、粗野”。在本书研究水仙花的那一章，我会探讨加勒比海地区的作家对春天，对华兹华斯诗歌的感受，详细说明西印度群岛的人对艺术的忧虑。

本书以四季为框架，主要是因为我在英国长大，这一直是我熟悉的模式。本书探讨的许多花朵都是北半球温带地区各个季节的代表，它们在这些季节自然地盛开深冬的雪滴花、夏天的向日葵、秋天的菊花，都是人们熟知的。但是，我们必须承认，工业化、城市发展的漫长过程使人和自然季节节律之间渐渐失去了联系，现代花卉栽培技术已经引进一整套新节律以及标记时间流逝的新方式。自19世纪末以来，温室培育已经使菊花、康乃馨、玫瑰和许多其他鲜花实现全年供应，因此，我们很容易遗忘它们原本属于哪个“季节”。

除此以外，在现代城市，居民在全年的每一天都可以吃桃子，买郁金香，因此新的文化传统兴起。情人节的玫瑰花、“五一”劳动节的康乃馨，这样的传统激励我们将特定的花和特定的盛事联系起来，忽略了植物自然开花的季节。还有其他一些原因使一种花可能拥有新的季节身份。比如，虞美人与第一次世界大战有千丝万缕的联系，因此，本来在初夏绽放的虞美人在11月[1]就有了一年中第二次（即人工）开花的机会。不仅如此，气候变化也产生季节蠕变（season creep），促使北部气候向两个漫长的季节中间有短暂过渡的南方气候模式转变。本书分为四个部分，这个框架本身使它颇似一件与历史有关的手工艺品。

---

1 英国、美国、加拿大在每年11月都有纪念两次世界大战阵亡将士的纪念日。——译者注

SPRING
DAISY
LILY
DAFFODIL
CARNATION

春

Spring

这是一首春天的歌！

我已等候良久

等候一首春天的歌……

——兰斯顿·休斯（Langston Hughes）

《大地之歌》（*Earth Song*）

春之神啊，

求你让她和我缔结姻缘。

我会献花给你。

——《一个小小的请求》（*A Small Request*）

选自《印度爱情诗》

春天又来了。一片绿叶悄然示意，一个花苞缓缓地鼓起身子，白天渐渐变长，接着，这种犹疑的试探骤然变成了笃定。托马斯·哈代（Thomas Hardy）在《远离尘嚣》（*Far from the Madding Crowd*）中描述道：“生机盎然，新枝奋力伸展，冒出一簇簇的新叶，一切都攒足劲儿地抽拔生长。”花苞夜以继日地竞相绽放，令园丁、作家目不暇接：雪滴花、乌头、番红花、琉璃草、樱草花、银莲花、郁金香、风信子、紫罗兰、水仙花，赶着趟儿地绽放。春天的故事永远都是一样的，正如杰勒德·曼利·霍普金斯（Gerard Manley Hopkins）在诗中所云：“带着饱满的颜色/急匆匆地来了。”每一年在每一处，春天都是令人惊喜的奇迹。

雏菊是崭新的一年真正的先行者。有谚语说，只有在春天，七朵、十二朵、十九朵（各种数字组合）雏菊簇拥着“吻我们的脚”。如果我们把花朵想象成女性，雏菊在一年中大多数时候都是年轻、甜美的姑娘。当然，有时候不是这样。

春回大地时，性政治是一个难解的奥秘。古罗马诗人奥维德把性政治想象成结局幸福的强奸事件：仙女克洛丽丝（Chloris）遭风神（Zephyr）掳掠后，变成花神芙洛拉（Flora），花朵从她嘴里喷涌而出。芙洛拉说，风神“赐给我‘新娘’之名”，“弥补”他的亵渎之过，因此“我在婚床上毫无怨言”。风神把永恒的春天（“全年自始至终繁花似锦”）作为彩礼送给花神，让她“管理花朵”。也许“管理”一词不够贴切。“我常想数一数这里花朵的颜色，”她说道，“一直无所适从：颜色如此繁多，数也数不清。”

在英国、日本这些地方，四季是由人宣告的。诗人、画家、作曲家一直欣欣然期待春天花的绽放，把花朵视为一个崭新季节的使者，认为花朵带着他们的想象力进入一个新的生命循环。在英国或英语世界里，最能激发诗人想象力的非水仙花莫属，这主要因为它是华兹华斯一首名诗[1]中唱主角的花。如果你住在牙买加的金斯敦或苏格兰的阿伯丁，你很难理解这其中的缘由。在伊丽莎白·巴克（Elspeth Barker）的小说《啊，喀里多尼亚》（*O Caledonia*）中，女主人公珍妮特回忆说：“这些地方的人不使用‘春天’这个词。他们用‘冬末’或‘夏初’取而代之……冬天渐暖，进入夏天，仿佛没有过渡期，根本没有诗歌中人们期待的万物复苏带来的欣喜。”

即使在英格兰南部，我们也可能不相信人们期待季节来临时内心强烈的感情。在D.H. 劳伦斯笔下，查泰来夫人和自己的丈夫坐着巴斯轮椅的克利福德在一个阳光明媚的日子去树林里看花。他们一直在争论，丈夫坚持认为“统治阶层和服务阶层”之间有“绝对的”鸿沟；妻子康妮当时正在和他们的猎场看守人有婚外情，不同意丈夫的看法。正当此时，克利福德看见了风铃草、风信子和勿忘我，惊喜地叫道：“有什么能如英国的春天这般可爱呢！”夫妻二人因为花而和解了

1 华兹华斯有一首咏水仙的诗《我独自游荡，像一朵孤云》（*I Wandered Lonely as a Cloud*）。——译者注

吗？根本没有。康妮强压怒火，暗自思忖：“听起来好像是英国议会的法案让春天开花的。英国的春天！为什么不是爱尔兰人、犹太人的春天呢？”

春天不仅是最伟大的改变者。按照作家阿莉·史密斯（Ali Smith）所说，春天也是“最伟大的联结者”——联结时间、地方和人。乔治·格什温和艾拉·格什温（George and Ira Gershwin）在共同创作的歌曲中说，春天“是绝妙的，是奇迹”，它独具魅力、含情脉脉，是四叶草[1]带来好运的季节。在康妮看来，所有联结均系于他们的猎场看守人（见《夏》）。然而，被春天抛弃而失去联结的人（比如，克利福德），正如一首爵士乐所云，唯一的去处是“和去年复活节的帽子一起闲置在架子上”，“祈求瑞雪藏起三叶草”。在所有让人心碎的季节里，“春天真的最让你烦闷苦恼”。

19世纪的社会学家埃米尔·涂尔干（Émile Durkheim）说，与我们的预期恰好相反，春天是自杀率上升的时段，这正是因为“万物复苏，人恢复了往日的活动，新关系迅速出现，交流增多”。阿莉·史密斯提醒我们，“四月”（April）这个词源于“拉丁语‘*aperire*’一词，意思是‘打开’‘揭开’‘使某物可用’‘排除任何阻碍使用某物的因素’”。可是，

---

1 三叶草与四叶草在西方文化里有丰富的寓意。三叶草是爱尔兰人的民族标志，爱尔兰人在一些特别的日子或场合，比如在庆祝圣帕特里克节（St. Patrick’s Day）时，衣服上会佩戴一根三叶草。四叶草是三叶草的变种，有四片叶子，因其罕见，人们认为它会带来好运。——译者注

当我们敞开自我却没有新事物可以拥抱时，当我们无法摆脱冬天的桎梏、无法享受春天“这样的活力和这般的喜乐”时，一种特殊的忧郁悄然而至。这也许是因为在春天，历法的规律性和彻头彻尾的崭新性奇特地合二为一。“世界会不会极度衰败以至春天无法焕然一新？”纳撒尼尔·霍桑（Nathaniel Hawthorne）问道。唉，是的，世界有时真切地体会到不可逆转的衰败。

雪莱悼念诗人济慈时有诗云：“冬天来而复去，但忧伤随着流年而返。”也有其他一些作家无法欣然接受时间的流逝。梭罗在他35岁生日前的几个月里写道，“我们慢慢变老，春天到来时也许我们不再精神焕发”，也许“我们的冬天不会终结”。只有年轻人才会这样悲观忧愁。W.D.斯诺德格拉斯（W.D. Snodgrass）刚过30岁，春天的花朵飘落在他的头发上，他不禁黯然神伤：“树会枯败，我也会失去毛发。”A.E.豪斯曼（A.E. Housman）诗歌中的什罗普郡少年禁不住数算自己度过的春天，猛然意识到，若人生年华“七十载，我仅剩五十春”。

赏花观景我所求

五十余春惜不足，

良辰赏花林中游

樱花如雪挂枝头。

第一次世界大战期间，许多年轻人携带诗作《什罗普郡少年》走向前线，其中乔治·巴特沃思（George Butterworth）把这本诗作以及豪斯曼的其他若干首诗谱成歌曲。1916年8月5日，巴特沃思被一名狙击手射杀，时年31岁。他是索姆河战役中伤亡的百万年轻人中的一个。

秋天，人们在节日中用鲜花纪念死者；春天，活着的人在花丛中欢欣鼓舞。这几乎是普遍存在的古老习俗。当今春天的许多节日使用的都是商业种植花卉而非时令鲜花。这些花虽不应季，却逐渐和这个季节的庆典活动紧密相关。原产于墨西哥的万寿菊，花期在秋天，在墨西哥的亡灵节（Day of the Dead），铺天盖地都是万寿菊。此后，万寿菊成了印度人在春天庆祝胡里节（Holī）时使用的鲜花。在复活节时，大多数美国人购买的花是源自日本的一种百合花，而在世界其他地方，人们购买原产于南非的水芋或海芋（它在南非自然开花季节从8月开始）。重生的希望可能和社会、政治、个人、宗教有关。我们在《春》这个部分最后讨论的是红色康乃馨，它是全世界“五一”劳动节群众集会的标志。康乃馨原本是夏季的花朵，经温室培育，提早了它的花期，于是它也加入了春天的大合唱。

雏菊

诗人罗伯特·彭斯（Robert Burns）描写的“朴实小巧、花冠深红”的雏菊（*Bellis perennis*）真的需要介绍吗？人们用“甜美”“质朴”“谦逊”“谦卑”“温顺”“平凡”这些形容词描述雏菊。伊丽莎白·肯特（Elizabeth Kent）称它为“花中的知更鸟”；约翰·克莱尔（John Clare）每年迎候它，如同“老友”归来。雏菊原生于欧洲西部、中部和北部，后来逐渐适应美洲、澳大利亚及附近诸岛等世界大多数气候温和的区域。雏菊在世界上如此多的地方都能生长，因此，你可

以见仁见智地说它是最常见的花朵，或者说它是普通的野草。

雏菊喜群居，也许正是这一习性为它在维多利亚时期的花语里赢得一席之地：雏菊的花语不多，只有一句："我与你共情。"如果把大众化的娱乐上升至道德情操的层面，会招来刘易斯·卡罗尔（Lewis Carroll）的讽刺。他笔下的花朵不是缄默的象征符号，它们都开口说话。尽管如此，卡罗尔依然保留了人们熟知的阶层高低贵贱的联想。当雏菊在《爱丽丝镜中奇遇记》（*Alice Through the Looking Glass*）里出现时，它的形象不是华兹华斯在诗中描绘的"花朵犹如满天的繁星"，而是一个聒噪的群体。一朵雏菊发出"尖细刺耳"的声音，已然令人不堪忍受，它们竟然有同时说话的坏毛病，让慵懒的卷丹伤透脑筋（它只有"在着实没有值得交谈的对象时"才和雏菊说话）。最后，跛扈的爱丽丝只好弯下腰，威胁道："再不闭嘴，我就把你们摘下来！"

从另一层意义看，雏菊也有平凡的特性。它在英语中的名字源自"*dægesege*"这个古英语词，即"日之眼"，指的是利·亨特（Leigh Hunt）发现的事实：雏菊在夜间闭上"粉红色的眼帘"，第二天清晨再睁开。

然而，在法国中世纪的诗歌传统里，"小雏菊"（*marguerite*）是典雅的，具有女性的美德，而且美德的重心不在其小巧轻盈，而主要在于它适合成为"伴侣"。"她朝着阳光绽放自己，说明她内心谦和。她谦卑，恭顺有礼，姿态友好，"纪尧姆·德·马肖（Guillaume de Machaut）说道，"我每次用手采摘她时，我都能尽情地欣赏她，让她凑近我的嘴，我的眼睛，我可以亲吻、触碰她，嗅她的芳香，抚摸她，温柔地享受她的优美和甜蜜，然后，我别无他求。”同样“神奇”的是，这可爱的花朵会关闭自己的花瓣，“闭合很紧，什么都无法进入”，“她那金黄色的花心就不会遭到蹂躏和劫掠”。在马肖谈到“珍宝”（treasure）[1]时，我们不难看出，他的意图充满寓意，但他不知不觉触碰了植物学知识。花瓣的闭合与蹂躏毫无关系。在夜间，雏菊的周围没有真正的授粉媒介，它闭合花瓣只是为了防止宝贵花蜜的蒸发。

1900年，理查德·基尔顿（Richard Kearton）在黎明前走进伦敦附近的一片田野，由此为一个新世纪画上浓墨重彩的一笔。他来到这片田野，用超越诗歌的方式呈现了雏菊的昼夜节律。基尔顿为雏菊拍摄了两张照片，一张在太阳升起前，另一张在太阳初升之后。今天人们把基尔顿视为自然历史摄影的奠基人之一。[2]当《睡眠的雏菊》和《清醒的雏菊》这两张照片投射到幻灯屏幕上时，观众“一生都生活在乡村的男人和女人们”为之震惊。基尔顿说，这证明摄影对每个人都有价值，因为乡下人和城里人显然都会错过自己“周围不断发生的”、许多“有趣的变化”。这两张照片不只是影像资料；更让我们感到有趣的是，基尔顿用聚焦的俯视镜头拍

1 “小雏菊”（*marguerite*）的词义就是“珍珠”（pearl）。

2 另一位奠基人是他的弟弟彻里·基尔顿（Cherry Kearton）。

摄高度密集的花朵，使人想起沃伊齐（C.F.A. Voysey）设计的现代“雏菊”壁纸，或者19世纪90年代古斯塔夫·卡耶博特（Gustave Caillebotte）为自己的餐厅创作的二维油画《小雏菊》（*Parterre des marguerites*）。自然与文化再次融为一体。此后，复杂的人工光线走进自然与文化的联系里。D.H.劳伦斯在早期的一首诗里描述，在皮卡迪利广场（Piccadilly Circus）昏黄的电灯灯光下，雏菊“唤醒所有罪人”；他把雏菊比作妓女，她们从昏黄的灯光下走出来，面孔苍白，神色不悦。在劳伦斯看来，干扰自然节律绝非好事，无论是花还是人。

雏菊的形状是最简单的，儿童画花朵时通常画成这样的形状。然而，它的轮廓看似简单，结构却极其复杂。花朵中心有一个鲜艳的黄色花盘，从远处看，也许像一个单独的花朵。可是，这个花盘是由几十个高度密集的管状小花朵构成的每一个小花朵都有微小的雌蕊和雄蕊。雏菊最初的植物科名是“*Compositae*”（菊科），这个词指的就是小花朵的这种“集合”（composite）。围绕花盘的不是花瓣，而是一组名为“舌状花”的小花朵，卢梭把它们比作白色的小舌头。雏菊和向日葵都有管状花和舌状花，而菊科的其他一些成员只有这两者中的一种：蒲公英只有舌状花，蓟属植物只有管状花。雏菊的结构特别吸引飞蝇、蜜蜂和蝴蝶，因为当它们采集花盘上的花蜜和花粉时，舌状花便是它们绝佳的停栖之处。在早春时节，其他食物依然匮乏，许多昆虫都依赖草坪上的雏

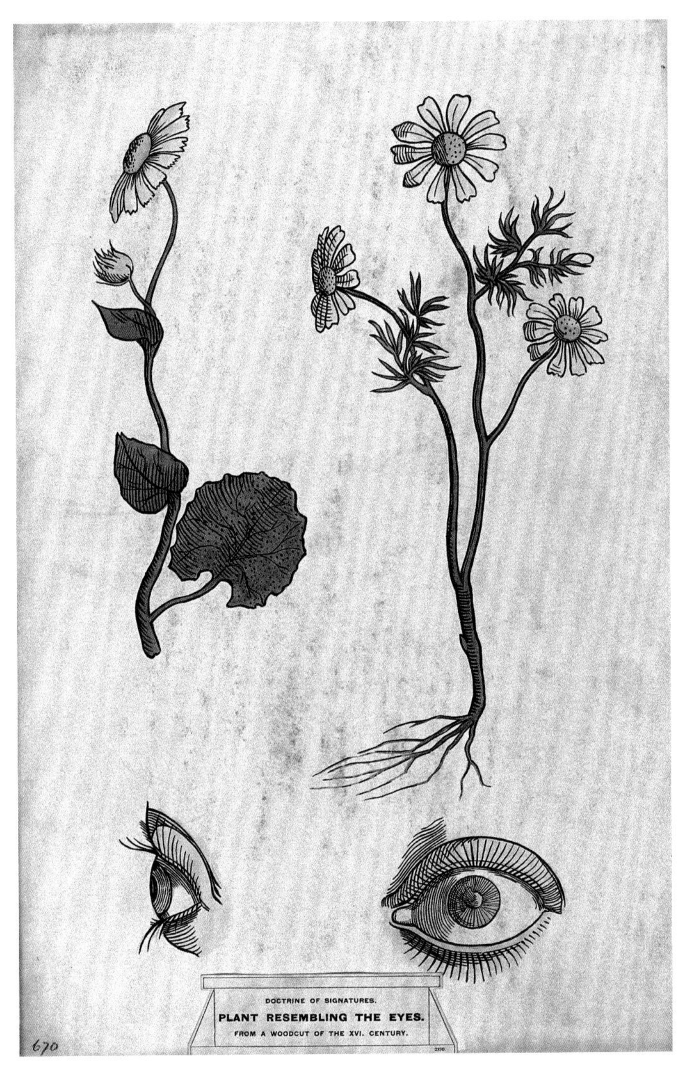

小米草的形象和人眼的对比，用于解释“药效形象学说”。
源自吉安巴蒂斯塔·德拉·波尔塔的木版画

菊来活命。雏菊的根茎到处延伸，草地滚木球场或者网球场的场地管理员总想根除它们，为此煞费苦心。

雏菊用途甚多，人们视之为珍宝。药剂师用雏菊的花朵和叶子制作膏药敷于伤口处，尤其用于敷疗瘀伤（过去，人们有时把雏菊称为“骨草”“治伤草”）。雏菊花朵的形状和习性也意味着它属于像小米草（*Euphrasia officianalis*）这类可用于“治疗眼疾的”花朵类别。这种说法依据16、17世纪时吉安巴蒂斯塔·德拉·波尔塔（Giambattista della Porta）和威廉·科尔斯（William Coles）等草药医师沿用的“药效形象学说”（doctrine of signatures）。这些草药医师相信，上帝赋予药草以“特定的药效形象，人类可据此识别……它们的用途”。在有些人看来，雏菊贴近地面生长，这一习性就是一种形象。他们相信，雏菊的花朵会抑制生物的生长。因此，人们叮嘱乳养孩子的母亲，不可让她们的婴儿触碰雏菊；如果养狗的人士不想让小狗崽长大，有人就告诉他们，在小狗崽喝的奶里放一些雏菊的花朵。

人们为何常常把雏菊和儿童联想在一起？原因之一是，雏菊小巧玲珑。在约克郡，雏菊的名字是“小孩儿草”。更可信的解释是，雏菊花朵繁盛，无处不在，儿时的游戏随时随地用到它。成年人常常回首往昔的岁月，他们曾在“雏菊遍地的田野”（或者当地的公园）里四处闲逛，享受孩提时代的游戏。当然，他们成年后也会调整游戏规则，以适合成长后的需要。

我们首先想到雏菊白色的舌状花，依稀记得我们会把它们一瓣一瓣地摘下来，卜算是否有人暗恋我们。有人说，我们算出雏菊的花瓣数为奇数的概率很大，因此把奇数定为“是的”这个答案。当然，雏菊舌状花的数目有差异。尽管如此，游戏中总有悬念的成分。有些游戏版本更复杂，还会卜问什么时间（“今年、明年、有时、永远不会”）、什么人（“富人、穷人、乞丐、小偷”或者“勇敢的士兵、忧郁的水手、英俊潇洒的飞行员”）、爱慕我们的程度和方式（“一点点、非常、温情脉脉、热情奔放、疯魔痴狂”）。

瓦萨学院的雏菊花链，1910年

还有一项活动全靠雏菊柔韧的花茎。编织一条雏菊花链需要大量的花朵，手指甲还要锐利，在雏菊花茎的中部撕开一个小缝隙，把另外一条花茎从这条缝隙穿过，如此不断重复，最后编成一条长花链，可做项链、手镯或者花冠。理查德·梅比（Richard Mabey）在《不列颠植物百科全书》（*Flora Britannica*）里记载了这项活动的几个版本：在编织威尔士"毛毛虫"花链时，一朵长茎雏菊从其他几朵雏菊的黄色花冠中穿过；在编织爱尔兰或者澳大利亚风格的雏菊花链时，花冠穿过自身的花茎，仿佛花朵是向下生长的。

今天，"雏菊链"这个短语应用广泛，描述任何语境中环形、线形交织的运行机制，比如多座互联的机场，商品买卖计划，电线、电子线路、设备和数据构成的各种系统。瓦萨

玛丽·麦卡锡（Mary McCarthy）的小说《少女群像》在美国的第一版。八朵雏菊象征八个主人公

学院（Vassar College）至今依然践行一百多年前开始的传统：在每年5月的毕业典礼上，一群二年级的学生身穿白色礼服，用手托起用雏菊和月桂精心编织、长达150英尺的菊花链。小说家玛丽·麦卡锡20世纪30年代早期在瓦萨学院求学，但是未能获得“手托雏菊花链”的机会。她的同班同学幸灾乐祸地回忆道，麦卡锡长着“一张爱尔兰人的脸”，笑容“扭曲”，头发“绵软”，她“不是手托雏菊花链的料”。这些同学说话刻薄——当然，她们并不赞赏麦卡锡在小说《少女群像》（*The Group*）里所描述的她们的友谊、性生活和职业。然而，这本小说远非带着甜蜜的复仇心理撰写的。倘若雏菊花链这个想法刺激了麦卡锡思考女人们纠结缠绕的生活，那么，可以肯定地说，《少女群像》本身也激发了随后出现的一长串相似的故事，比如电视连续剧《欲望都市》（*Sex and the City*）、《女孩》（*Girls*）等。

在另一项雏菊游戏里，人们把雏菊的花冠排列成一个小船队。观看这个船队在水上漂走，这岂不是世间最快乐的事吗？这自然是1931年上映的电影《科学怪人》[1]中那个怪人[2]的视角。当一个名叫玛丽亚的小女孩邀请这个怪人一起把雏菊抛进湖里时，他喜不自胜。两个纯真的人之间的交流令人感动，但是，怪人扔完花朵却无法分辨孩子和花朵的差异，就

1 改编自《弗兰肯斯坦》（*Frankenstein*）。

2 鲍里斯·卡洛夫（Boris Karloff）饰演。

把玛丽亚抛进了水里。他懊悔自责，逃进树林深处。在美国及世界其他国家，电影审查员对此不寒而栗，最终把弗兰肯斯坦抱起小女孩的这个镜头剪去了。然而，这只会让这部电影更加惊悚，因为当小女孩失去生命的躯体在故事里再次出现时，观众只好猜测可能已经发生的事。20世纪80年代，最初的电影片段才得以恢复。

1964年林登·B.约翰逊总统的选举广告
《和平，小女孩》（*Peace, Little Girl*）

托尼·施瓦茨（Tony Schwarz）的脑海里孕育“雏菊女孩”这个选举广告时可能一直在想玛丽亚和那个怪人。这则广告发挥了令人难忘的影响力，给予林登·B.约翰逊（Lyndon B. Johnson）一臂之力，使他在1964年美国总统大选中击败了巴里·戈德华特（Barry Goldwater），彻底改变了政治选举运动的原则。这是第一则无意提供信息或论据的选举广告，然而，其目的简单明了：利用并主宰观众的情绪，而且是在60秒里做到这一点。广告要产生迅疾效果，必须依赖毫不含糊、容易辨认的形象。一个小女孩掰掉雏菊的花瓣，每个人都知道其中的含义。

冷战时期的“雏菊女孩”面临的威胁比横冲直撞的怪物更可怕。广告片一开始，小女孩一边掰掉雏菊的花瓣，一边缓慢地数数：1，2，3，4，5，7，6，8，9。紧接着我们听见航天地面指挥中心急促的倒数声音。镜头逼近女孩的眼睛，从她眼睛的最深处出现了核弹爆炸的蘑菇云。广告暗示：如果他们选择好战、冲动的戈德华特当总统，这就是他们的命运。广告没有提到戈德华特的名字，相反，我们听见约翰逊缓慢而庄重地说：“让上帝的儿女在世界上生存，还是走向黑暗，这是生死攸关的赌注！我们必须彼此相爱，否则我们必定死亡。”最后一句源自W.H.奥登（W.H. Auden）的诗歌《1939年9月1日》。影片末尾另外一个声音让我们明白了广告的真正意图：“11月3日，请投票选举约翰逊做总统。”这个广告影片仅正式播放了一次，但是影片中惊人的图像却在

全国的新闻广播节目中翻来覆去地播放。在全民投票中，约翰逊赢得61%的选票；影片中摘雏菊花瓣的三岁小女孩莫妮克·科齐柳斯（Monique Corzilius）后来又给SpaghettiOs品牌的圆圈形意大利面罐头和Kool Pops牌子的果汁冰激凌做了商业广告。

“雏菊女孩”后来成了政治广告史中的一块试金石。近年来，共和党（罗布·阿斯托里诺和迈克·赫卡比）和民主党（希拉里·克林顿）都换着花样地使用这种手段。2016年，希拉里·克林顿为了证明好斗、善变的唐纳德·特朗普引发的核威胁和五十年前别无二致，她又找来莫妮克·科齐柳斯。当人们看着三岁的小女孩摘花瓣的影片时，科齐柳斯说：“那是1964年的我。我们在孩提时代就对核战万分惊恐，我简直无法想象我们的孩子会再次面对同样的处境。在这次选举中，看到这样的情形可能再次来临，真的让人胆战心惊！”

“雏菊女孩”常常遭遇危险，然而，她频繁遭受的伤害并非来自怪物或炸弹，而是“被夺去童贞”。当然，这种说法适合那些被想象成花朵，尔后，经历从花苞绽放到繁殖、凋谢这一必然过程的所有女孩。当然，花朵毕竟只是花朵。当罗伯特·彭斯（Robert Burns）在诗中描写铁犁碾过“娇小”

花朵的“脆弱的花茎”，他立刻想起“不谙世事的姑娘的厄运”，她的花朵能逃过“铁犁残酷的蹂躏”吗？就这样，花朵的转喻从18世纪末开始根深蒂固。到了20世纪初，作品中花朵的厄运不再间接地体现，而是常以绘画形式惟妙惟肖地呈现，让人真切体会这样的命运。我所能找到的最直接的视觉呈现，是加里·梅尔彻斯（Gari Melchers）的油画《红衣骑士》（*Red Hussar*），其细节淋漓尽致。一个裸体女子想到一个体格健壮的士兵抚摸她的乳房，她不禁打翻了插满雏菊的花瓶：水从桌上流下来，倒下的花朵植株颇高的牛眼雏菊（*Leucanthemum vulgare*）依然挣扎着保持端庄的仪态。

雏菊象征女孩的童贞。然而，雏菊的这一名声也开始摇摇欲坠。《了不起的盖茨比》这部小说于1925年问世，它反

加里·梅尔彻斯，《红衣骑士》，约1912—1915年

映了美国爵士时代的愤世嫉俗，尤其动摇了雏菊纯洁的名声。杰伊·盖茨比仰慕的对象仿佛是一朵真正的雏菊，她“眼睛明亮”，一袭白衣，是他梦中的仙女，一个毫无瑕疵的“纯洁的童贞女”。但是，当我们读完F.斯科特·菲茨杰拉德撰写的这个充满性、谎言和欺骗的故事，我们猛然醒悟：黛西·布坎南（Daisy Buchanan）这个名字根本上是反语。她非但不朴实，反而“矫揉造作”；非但不纯真，反而“老于世故”；非但不谦卑内敛，反而热衷于“将安全和骄傲建立在贫穷人水深火热的挣扎之上”。她的话说得像花一样漂亮，可是，她的声音里“满是金钱”。

固定的形象遭到颠覆以后，又发生了什么事情呢？20世纪五六十年代出现了新类型的“雏菊女孩”。这个新类型适应新时期用花朵重新创造孩子般的纯真。电影制片人选择雏菊这种花朵，因为他们渴望呈现新的、性自由的自然状态，即低幼化的性行为的自然性。由杰克·凯鲁亚克（Jack Kerouac）改编、G-String公司制作的电影《拔去我的雏菊》（*Pull My Daisy*，1959）在片头曲《疯狂的雏菊》（*The Crazy Daisy*）里清楚地表达了这一倾向。片头曲的歌词源自凯鲁亚克、艾伦·金斯堡（Allen Ginsberg）和尼尔·卡萨迪（Neal Cassady）共同创作的一首诗，采用女性视角，由安妮塔·埃利斯（Anita Ellis）用漫不经心、轻松自如的方式演唱：“拔去我的雏菊/打翻我的杯子/我所有的门都打开了。”信息很清晰，雏菊女孩不再因害怕失去童贞而颤抖，不逃避性行为，欢快地接受自己的命运。我们在罗杰·瓦迪姆（Roger Vadim）1956年担任编剧的喜剧电影《摘雏菊》（*En effeuillant la marguerite*）里看到佩戴雏菊花朵的“童颜女星”碧姬·芭铎（Brigitte Bardot）表演的业余脱衣舞，这部电影让我们看见完全另一个类型的雏菊女孩。此外，另一个版本的雏菊女孩出现在捷克新浪潮运动时期的导演维拉·希蒂洛娃（Vě ra Chytilová）执导的电影《雏菊》（*Sedmikrásky*，1966）里。两个无法无天的年轻姑娘玛丽1号和玛丽2号从遍地雏菊的田野里走出来，一个剧情流畅的故事自此开始。总之，在不足一百年的时间里，雏菊这可爱小巧的花朵、万花中的知更鸟经历了很大的改变。它不再谦卑、朴实，它变成了一个性感女郎。

碧姬·芭铎1956年主演的喜剧电影《摘雏菊》

水仙花

在V.S.奈保尔（V.S.Naipaul）1961年出版的小说《比斯瓦斯先生的房子》（*A House for Mr. Biswas*）里，主人公比斯瓦斯先生渴望成为记者，就报名参加了“位于伦敦埃奇韦尔路的理想新闻学校”开办的函授课程。课程的第一项练习是用一系列的“暗示”让学员向窗外望去，“以四季为题材写四篇振奋人心的文章”。比斯瓦斯生活在特立尼达，写夏天不费吹灰之力，但是他没有经历过英国其他三个季节，因此要写与这三个季节有关的文章，他丝毫不敢假装现场报道，只好

创作小说，文中加入冬天劈啪作响的火堆，同时引用济慈的诗句。他的文章让理想新闻学校深感震惊。

在奈保尔看来，若一定坚持一年有四季，这种坚持强有力地象征了遥远的殖民侵略文化。加勒比海地区持这种观点的作家，并非只有奈保尔。有人坚持一年有四季，四季中最具象征意义的季节是春天，最具象征意义的花朵是水仙。原因很简单。说到研究文学，在曾经为殖民地的特立尼达（奈保尔）、圣卢西亚岛（德里克·沃尔科特）、安提瓜岛（杰梅卡·金凯德Jamaica Kincaid）、海地岛（埃德维奇·丹蒂凯特Edwidge Danticat）或者多米尼加共和国（琼·里斯Jean Rhys）等加勒比海地区，研究文学就是研究水仙——莎士比亚的水仙用美貌迷住了“三月的风”，斯宾塞的“黄水仙”在四月布满大地，赫里克目睹水仙“易逝”而怆然泪下。加勒比海地区，甚至是大英帝国的大多数学龄儿童都“在上学时背诵”华兹华斯的诗歌《咏水仙》。许多人都知道本诗的第一行是“我独自游荡，像一朵孤云”。奈保尔说道：“毫无疑问，这是一朵漂亮的小花；可是，我们从未亲眼见过。这首诗对我们的意义是什么？”

20世纪加勒比海地区的文学创作中弥漫着“对学习、背诵水仙诗歌的厌倦”之情，然而作家们在呈现自己与华兹华斯的水仙之间“怪诞的关系”时，使用的方式截然不同。

琼·里斯的短篇小说《他们焚书的那一天》（*The Day They Burned the Books*，1960）几乎是对英国殖民统治时期当地人矛盾心理的讽喻。小说讲述男孩埃迪的故事。他的母亲属于加勒比海地区的“有色”人种，年轻时端庄美丽。他的父亲是英国白人，酗酒，常恶言谩骂、虐待家人。埃迪站在母亲一边，郑重说明自己不喜欢水仙花。“父亲总是喋喋不休地夸耀水仙花，他说，我们这儿所有花朵都无法和水仙媲美，他肯定在撒谎!”然而，父亲去世后，当他的母亲幸灾乐祸地将父亲的图书付之一炬时，他万分惊骇，扑过去，抢了一本吉卜林（Rudyard Kipling）的小说《吉姆》（*Kim*）。

在杰梅卡·金凯德的作品里，水仙花也同样激起矛盾的心理。金凯德1990年发表的小说《露西》（*Lucy*）讲述19岁的姑娘露西的故事。露西离开“日照猛烈、旱灾频发的”加勒比海岛，来到四季分明的美国，以劳动换取食宿，在一个无名的城市求学。美国是“所有富人（当然也是幸福的人）”生活的地方。露西1月到了美国，3月时才看到一朵水仙花，然后，水仙花的氛围笼罩在一切事物上。“浅黄色的太阳”无力驱散冬末的寒气，一家“六个长幼不一的黄头发的孩子挤在一起，仿佛一束水仙花”，让人感到一切事物“美不自胜”。露西在童年时代深受殖民主义观念的影响，殖民者维护殖民观念，他们骄傲、自满的情绪扼杀了人们真诚的情感。这一切反而让露西极具反击的力量。当她最终看到她的雇主为招待她而摆放的几束水仙花时，她感觉这些花“美丽”，但是“简单，俨然就是一个工具，专门用于抹煞复杂而多余的想法”。也就是说，水仙花提醒她，让她明白“野兽戴着天使的面具，天使又装扮成野兽”。

金凯德笔下的露西（面对既是天使又是野兽的金黄头发的美国人）一直把自己视为一棵“小草”，然而，埃德维奇·丹蒂凯特在《呼吸，眼睛，记忆》（*Breath, Eyes, Memory*，1994）中塑造的人物竭力把自己视为水仙。我们从小说中看到，玛蒂娜最喜欢的花是一种能忍耐海地的酷热而演化的变种，“它们和夏天金黄的南瓜同色，它们仿佛在接受当地人培育时就着上了他们皮肤的古铜色”。她把水仙花视为适应新环境的移民，能够在“自己本不该生活的地方”昂首挺胸、骄傲地生活。玛蒂娜12岁的女儿索菲与母亲分开多年后，到美国与母亲团聚。她制作了一张卡片，写上题词：“我的母亲是一朵水仙花/像钢铁一样坚强地立在风中。”与此同时，索菲身穿白领的黄裙子，恰似臬娜的水仙花。然而，故事没有这么简单，重要的原因是玛蒂娜的故事扎根于苦难中，没有喜悦的人生。这两本小说里的小女孩索菲以及金凯德小说中的露西都曾做过噩梦，梦魇中受花朵侵袭，露西梦见一束束水仙花在街道上追赶她，最后将她活埋在花束之下；索菲梦见自己的妈妈裹在黄色的床单里，头发里插着水仙花，双臂张开，颇似两个长钩子。

对于两个小女孩来说，成长意味着找到其他花朵。对于加勒比海地区的作家来说，成长总体上意味着将想象的空间赋予那些花朵。德里克·沃尔科特曾说，白雪和水仙花在很长的时间里都是“真实的，也许比炎热和夹竹桃更真实”，这正是因为白雪和水仙花活“在纸上和想象里”。后殖民视角的写作认可夹竹桃、木槿、凤凰木展现的美；对奈保尔来说，首要的一步是认识到，他孩提时代热爱的白花，其名为茉莉花。

金凯德最终承认，自己和水仙花已达成和解，也和华兹华斯达成和解，因为她逐渐发现，她可能错怪了这位诗人。华兹华斯在诗中描写一万朵水仙花在阿尔斯沃特湖（Ullswater）附近迎着微风婆娑起舞。金凯德在佛蒙特州居住20年以后，她于2006年选取“喇叭水仙”（Rijnveld's Early Sensation）这个品种，种下5500个水仙花球茎。盛开的水仙花是华兹华斯诗中所言数量的一半还多。金凯德说，她不想和诗人华兹华斯竞争，而是想最终将他的诗句与源自“我童年时代英国人的专制政权”的那朵花截然分开。她在《与水仙共舞》（Dances with Daffodils）这篇文章的结尾呈现的作者形象，和华兹华斯诗中的作者形象大相径庭，她不是像云一样在欢快的花朵上方自由飘荡，而是身处自我创造的困境中。她如此描述：“我的花园里现在有5500株水仙花我从屋里出来，走进花园，却无法随意走动。那些长而优雅的花茎缠住了我的双脚，而这些碧绿的花茎正用力托举水仙花低垂的黄色花冠。”

往昔的一个瞬间引发了上述与水仙花有关的痛苦，也引起长达两个世纪的文学修正主义。这个瞬间发生在1802年4月15日那个“阴沉的、薄雾弥漫的清晨”，威廉·华兹华斯

在英格兰湖区（Lake District）阿尔斯沃特湖附近的格伦科因湾（Glencoyne Bay）漫步。那天，他并非“像一朵孤云”独自游荡，而是像往日一样与他的妹妹多萝西相伴，多萝西此后在日记里记载，海湾的岸边“全是生机盎然的”水仙花。很多人都知道，正是这篇日记激发了华兹华斯写诗的灵感。多萝西先记录了水仙花之众多或“团结统一”产生的震撼力，而且据她观察，这些花朵“摇曳、回旋、婆娑起舞，仿佛迎着湖面上吹来的风开怀大笑；它们跳跃、变幻，看上去如此欢快”。

华兹华斯的诗于1807年发表，1815年又进行修改、补充。诗人在世时，这首诗并未获得很高的评价。另一位诗人安娜·苏厄德（Anna Seward）总结了当时许多人的想法：“这位以自我为中心的作家将玄学意义赋予卑微的事物；倘若苛刻的批评家执意要讽刺他，批评会达到史无前例的效果。”威廉和多萝西辞世，多萝西的日记紧接着出版，《咏水仙》这首诗才开始引起关注。关注这首诗的并非其他诗人，而是旅游业，因为通往湖区的旅游铁路在19世纪中叶竣工。华兹华斯的诗歌涉及许多当地的花朵：雏菊、风铃草，他最喜欢的是“小小的榕叶毛茛”。那么，水仙究竟有何魅力让人们愿意传扬华兹华斯和湖区的关系？吉川朗子认为，水仙的成功可以简单地归因于金黄色的花朵和湖区“阴沉的”天空之间的反差。（榕叶毛茛也是金黄的花朵，可是花朵极小。）无论如何，到19世纪50年代时，湖区的旅游指南通常都包含多萝西的散步日记，还有威廉对这篇精彩的日记所写的“苍白的释义”（一位作者的原话。）[1]游客最初兴趣的焦点是阿尔斯沃特湖，但是，这片金黄色水仙的具体位置渐渐地没有那么重要了，人们受到鼓舞，开始在整个湖区寻觅“华兹华斯的花朵”。湖区为了创造更美的风景，额外又种下大量的水仙球茎。当然，这些水仙不是多萝西曾经赞赏、诗人歌咏的那种野生的黄水仙（*N. pseudonarcissus*）。除此以外，无论过去还是现在，我们在树林、湖边和路旁，在茶碗、饼干盒、杯子、盘子的图案里，还能看到其他很多品种的水仙花。2012年，在格拉斯米尔（Grasmere）华兹华斯故居对面的维多利亚宾馆整顿后重新开张，更名为水仙花酒店和水疗中心（The Daffodil Hotel and Spa）。

英国皇家猎鹰牌瓷盘。
瓷盘上印着威廉·华兹华斯《咏水仙》的第一个诗节

1 该作者是惠特韦尔·埃尔温（Whitwell Elwin），其原句为“华兹华斯咏水仙的诗句固然美丽，然而，只是对多萝西那一页迷人的日记提供的苍白的释义”。原文见Elwin, Whitwell. “Memoirs of William Wordsworth, Poet-Laureate, D. C. L.” Quarterly Review 92.183 (Dec. 1852): 182–236。——译者注

如果我是19世纪的游客，在4月的一个清晨以朝圣的心境去阿尔斯沃特湖观光。倘若我极幸运，能找到一些水仙花“在微风中起舞”，我不禁思忖：我已经到达诗歌的某种源头，这个源头再现了那首诗的诞生过程。这个想法有强大的力量，我们阅读华兹华斯这样伟大诗人的作品时，这个想法尤为迷人。威廉和他的妹妹不同，他没有兴趣去描写那天的所见与感受，而是更愿意思考普通的经历如何会产生一种强大的、想象的余波。他那天去湖边散步，足足两年后才回忆水仙花这个“快活的群体”以及那个作为旁观者的他本人：

我长久凝视，却未能领悟
这道风景赐予我偌大的财富：
每当我躺卧床榻上
心绪茫然或冥思苦想，
它们蓦然使我心眼明亮，
我遂独享极乐时光，
我的心怡然满足，
乃与水仙欢乐共舞。

作者受启发苦思冥想，心绪愉悦，这远远超越一次愉快的漫步产生的回忆。华兹华斯也许觉得那片金黄色的水仙离他的家不远，然而，他回忆这些花朵时，使用“心眼”（inward eye）和想象力去回忆。这种想象力得益于一套“金黄色的书籍”，那是他从小学一直到剑桥大学受教育过程中阅读的一套标准的希腊语、拉丁语图书，还有他爱不释手的“浅黄色帆布封面的”《天方夜谭》以及波斯语抒情诗的英译本。那时，英国读者刚刚能够获得阅读《天方夜谭》和波斯语抒情诗英译本的机会。两种“金黄色”（自然的和文化的）紧密结合，将诗歌的“财富”赐予了华兹华斯。

谢赫·扎达（Shaikh Zada）的作品《星期五白宫里的巴赫拉姆五世》（“Bahram Gur in the White Palace on Friday”）的细节图。源自波斯诗人尼扎米（Nizami）的长篇叙事诗《五部曲》（*Khamsa*）在16世纪的插图手抄本的235页

华兹华斯可能在古典传统和波斯人的传统里遇到了反复出现的水仙花。当然，那些作品里水仙这种植物不是喇叭形的黄水仙（*N. pseudonarcissus*），而是多花水仙（*N. tazetta*）。多花水仙原产于希腊和意大利，沿着古代向东通商的路线一直传播到了中国[1]和日本。这种植物一路向东，经过人工培

1　中国人称之为“圣百合”（Sacred Lily）。

育，适应异域环境，现在已经无法分清哪些是纯种的多花水仙。然而，从庞贝古城的湿壁画到波斯的细密画、中国的卷轴画，处处可见多花水仙的踪迹。在希腊神话中，当珀耳塞福涅（Persephone）正伸手采摘“光彩夺目的、奇异的”多花水仙时，冥王哈德斯（Hades）将其劫持，带到冥界，娶她为妻；有人甚至说她就是《圣经·旧约》中“沙仑的玫瑰花”[1]。

多花水仙和黄水仙样貌迥异（实际上，它们属于截然不同的亚属类）。黄水仙在花茎顶端只开一朵大花，而多花水仙的每一个花茎开好几朵小花。荷马说多花水仙有几百个花冠着实夸张了，但是，有些的确多达8个花冠。更重要的是，在每朵花的中心有一个明显的黄色花冠或“花之眼”，颇具诗意。

中国画家赵孟坚于13世纪中叶所作的《水仙图》卷轴画的细节图：多花水仙的“眼睛”向外张望

1 源自《圣经·旧约》中新娘的歌词：“我是沙仑的玫瑰花，是谷中的百合花。”见《圣经·旧约·雅歌》第二章第一节。——译者注

在希腊和波斯传统里，花朵和眼睛、外貌有关联。“那喀索斯”（Narcissus）这个名字来自一个传说，奥维德使这个传说闻名于世。传说中那喀索斯是一个俊美的少年，他因讽刺那些爱他的女神而遭惩罚，命运女神使他爱上了自己在水中的影子，不能自拔。他虽然可以无休止地凝望自己的双眸，但是每当他接近自己的影子，水就泛起涟漪，影子即刻消失，他最终因痛苦、绝望而日益枯槁，重生而化作一朵鲜花，“白色的花瓣围绕金黄的花萼”。这个故事流传下来，进入波斯和阿拉伯的诗歌里，又增添了水仙和眼睛之间更多的联想，有时候，这两者几乎变成了同义词。“水仙的眼睛”可以圆睁（说明迷茫或为情所困）、迷离（说明陶醉）、萎靡（因为忧郁）或者失明。“水仙的眼睛”可以暗示星辰（“黑夜的眼睛”）、巨额财富（“翡翠花梗上生着有熔金瞳孔的银眼睛”）以及“醉人”之美。“水仙的眼睛”完美地补充“玫瑰花瓣一样的嘴唇”“郁金香一般的面颊和茉莉花一样的胸部”。但是，如果情人上床来，她那“水仙的眼睛明亮而充满激情”，他可能首先想移走房间内盛开的水仙，因为有传说认为，水仙喜欢看人做爱。15世纪的波斯诗人布沙齐·阿伊玛（Bushaq’i At’imma）另辟蹊径，他把水仙的花朵比作周围有六片白面包的一颗熟鸡蛋。

我们可以肯定，上述联想至少有一部分与华兹华斯和他的妻子玛丽有关，“心眼”这个意象是玛丽提出的。这可能会产生博物学上的概念混淆：一大片黄水仙使一朵多花水仙的

心眼明亮。无论如何，只有当华兹华斯把自己视为一朵外来的花朵时，他才能把自己看作湖区那片金黄色花朵中的一员。他也许认可那么多加勒比海地区的作家一直在说明的事实：当你想到水仙时，你的想象和一次林中漫步同等重要。

黄水仙是土生土长的英国花朵，还是在很久以前移居到英国的？这说不清楚。还有一种可与之媲美的名为喇叭水仙（*N. obvallaris*）的花朵，有地方英雄之称。这种花的来源更加说不清楚。喇叭水仙植株比黄水仙小，花朵更鲜亮，花冠似垛墙。18世纪末，人们在威尔士的海滨城镇滕比（Tenby）附近的田野里首次看到喇叭水仙。它和英国其他水仙花都不相像，对它的来源众说纷纭，不胫而走。理查德·梅比如此总结："是腓尼基水手用花朵换了一船无烟煤。比利时北部佛兰芒人在20世纪早期把它们带过来，可能带到滕比不远处科尔迪岛上的修道院里，种植在法国或意大利修道士的药材园里。"喇叭水仙极为幸运，各种版本的故事传讲它的异域背景，然而它又是本地的花朵，这是铁定的事实，就这样，喇叭水仙在19世纪末名噪一时。尔后，这种花以及它的故事被人遗忘在九霄云外。到了20世纪70年代，一个小男孩偶然提出一个请求，想给他的姑姑寻找一个礼物，这让滕比镇旅游主管幡然醒悟，滕比镇从此开始利用它独一无二的花朵。紧接着就大规模种植（并且大规模建设以“水仙”命名的度假小屋），到今天也没有降低规模的迹象。不过，水仙是“威尔士西南角独一无二的花朵”这一说法最近也遇到了挑战。人们发现，在西班牙山脉的许多地方都生长着非常相似的野水仙。如果要知道它们是否是同一个物种或是否有近亲关系，那就需要进一步做分子生物学的分析。植物的迁移塑造了这个世界，要讲述物种来源的不确定性，那又是另外一个故事。

百合花

来看看百合花。田野、山谷、花园和水塘里的百合花；仪式上的大花束，女士佩戴的小花束；插在花瓶里的百合花，摆在棺椁里的百合花；拜占庭、埃及、秘鲁、百慕大岛、根西岛的百合花；卷丹、萍蓬、赤莲、蜘蛛百合、蟾蜍百合。花朵有“洁白如雪”者，亦有黄、橙、红甚至是蓝色的花朵。但是，这些花几乎都不是“真正的”百合花。《圣经·雅歌》中记载的“谷中的百合花”很可能也是别的花朵。

本章讲述的春天的百合花只是百合花中的一种，是现代的（有时也称作现代主义的）复活节百合花。事实上有两种百合花：长叶百合（*Lilium longifolium*）和水芋（*Zantedeschia aethiopica*）。前一种原产于日本，后一种源自南非。这两种花是如何与基督教复活节产生紧密联系的？要作出解释，我们必须同时考虑其他种类的百合花和其他的节日，因为花的名字和意义总是快速传播的。

最初洁白如雪的百合是白花百合（*Lilium candidum*），我们称之为圣母百合（Madonna Lily），这也是白色百何花后来的称谓。很久以前，白色百合花尚未与基督教产生联系，它是地中海地区东部的一种食物、药品和仪式上摆放的花朵。在公元前1600年传下来的弥诺斯人的湿壁画里，我们常常见到白花百合和加尔西顿百合（*L. chalcedonicum*）即鲜红的头巾百合[1]这两种。百合花原生于土耳其、叙利亚、黎巴嫩和以色列，然而，现在在这些地方，百合花已是濒临灭绝的物种。百合花最先是沿着腓尼基人的贸易路线迁移的，很可能是罗马人把它带到了英国。人们喜爱它，是因为它适用于装饰；

1 加尔西顿百合的形状似土耳其人的包头巾，故名“头巾百合”（Turk’s Cap Lily）。——译者注

人们珍视它，主要因为它是治疗毒疮和水肿的原料。

早期基督教的文献记载了多种与圣母玛利亚有关联的花朵，白花百合是其中之一。圣彼得[1]说，它洁白的花瓣象征玛利亚纯洁无暇，金黄色的花药象征她内在的圣光。当然，许多花都让人联想到玛利亚。圣安布罗斯[2]认为，鸢尾暗示了她的孤独，雏菊象征她的谦卑。克莱尔沃的圣伯尔纳[3]则说："玛利亚就是谦卑的紫罗兰，纯洁的百合花，慈爱的玫瑰花，是天国的荣耀和辉煌。"今天许多植物的英语名称都以"女士的"（Lady's）一词开头，比如：柔毛羽衣草（*Alchemilla mollis*, lady's mantle）、杓兰（*Cypripedium calceolus*, lady's slipper），这是因为最初它们都"属于圣母"（Our Lady's）。金盏菊（*Calendula officinalis*）起初的英语名称是Mary gold（"玛利亚的黄金"），然后变成marigold（万寿菊），每年3月底开花，于是与天使传报节[4]产生密切的关系。白花百合在7月盛开，

1 圣彼得（the Venerable Bede或Saint Bede，673—735）是英国修道士、历史学家，对神学、哲学、历史、自然科学都有颇深的研究。他用拉丁语写成的《英格兰人教会史》是与英国历史有关的第一部重要著作。——译者注

2 圣安布罗斯（Saint Ambrose，339—397）是意大利米兰的主教，在文学和音乐领域皆有很深的造诣。他精彩的布道和自身树立的榜样使圣奥古斯丁（Augustine of Hippo）皈依基督教。——译者注

3 圣伯尔纳（Bernard of Clairvaux, 1090—1153）是法兰西天主教的修士，建立明谷修道院（Clairvaux Abbey），任院长。——译者注

4 天使传报指天使加百列奉上帝差遣向童女玛利亚传报：她将怀孕生子，是耶稣的母亲。见《圣经·新约·路加福音》第一章第二十六至三十五节。——译者注

它那喇叭形状的花朵宣布访亲节[1]的到来。

在中世纪末和文艺复兴时期，百合花开始出现在“天使传报”的绘画里，人们逐渐遗忘了所有这些季节性的联想。《圣经》里天使加百列向玛利亚现身并宣告她即将怀孕，这个事件是一个饱含寓意的神迹，将它与那时处于淡季的一种花朵联系起来，便可强调这个事件的实质。更重要的是，玛利亚的纯洁与受孕这二者的独特结合用百合花作为象征，有极强的说服力。花朵与她是分开的，说明受孕不是在她的身体里开始的。百合花要么在花瓶里，要么在加百列的手里。花梗上花朵的分布也有可阐释的意义。在许多图画中，一支花梗上有三朵花，两朵盛开，另外有一个花苞，这支百合花强调的信息是：耶稣基督道成肉身，彰显圣父、圣子、圣灵三位一体。

其他种类的白色百合花在19世纪时从中国、日本引入欧洲，此时，人们才别具一格地逐渐把白花百合（*L. candidum*）称为圣母百合。百合花及其与天使传报相联系的绘画传统再

1 天主教的访亲节是为纪念怀孕的圣母玛利亚看望她的亲戚伊利莎白。伊利莎白也有孕在身，她是施洗约翰的母亲。她对玛利亚说：“你在妇女中是有福的，你所怀的胎也是有福的。”见《圣经·新约·路加福音》第一章第三十九至四十五节。——译者注

次点燃了人们的兴趣，主要归因于拉斐尔前派兄弟会（the Pre-Raphaelite Brotherhood）这个艺术团体做出的努力。事实上，在19世纪末，百合花甚至被称为拉斐尔前派百合花。在19世纪80年代，奥斯卡·王尔德与百合花之间颇为滑稽的联系也源于此（见《康乃馨》）。

在教堂的装饰中，百合花也开始显露头角。虽然今天几乎每一所教堂建筑物都经常摆放鲜花，但是，19世纪时，花朵的使用通常需要依据宗教教义进行激烈的辩论。在宗教改革之后，新教将偶像、焚香和鲜花视为天主教仪式化崇拜的媒介，属于“奢华文化”。然而，维多利亚时期的人们，因为热爱鲜花、相信花朵能陶冶情操，他们的态度逐渐转变。诗人、牧师弗雷德里克·威廉·费伯（Frederick William Faber）总结了其中的缘由：“它们常常给予人教诲/远比圣人的教导深邃。”除此以外，威廉·亚历山大·巴雷特（William Alexander Barrett）曾经有所著述，专门探讨“教堂的鲜花装饰”，他的观点广为流传。巴雷特认为，人都有用鲜花包围自己的冲动，这“几乎是人性的本能”。花朵美化房屋和教堂，“在无声的崇拜中赞美王中之王”，因而使房屋和教堂更加神圣。（见《天竺葵》和《雪滴花》。）

上述变化的发生，还有一个重要的因素，即人们可以购买商业种植的花卉。如果每个人都认为，百合花尤其是白色的百合花在复活节的陈设中“不可或缺”，他们所指的百合花就不是夏日盛开的白花百合，而是商业花卉种植者推广的鲜花，他们有能力让百合花恰逢复活节吐蕊绽放。

其中的一种是来自琉球群岛的日本百合花长叶百合。18世纪时荷兰殖民者将长叶百合从这些珊瑚岛带回欧洲，英国殖民者在19世纪时又将其带去百慕大岛。有一位游客于19世纪70年代把它引入美国后，精明的苗圃工人威廉·哈里斯（William Harris）以“哈里斯百合”（*L. Harrisii*）之名将它投放市场，立时风靡美国。这种长梗的、长喇叭形状的白色花朵颇似圣母百合，但是，经培育后在复活节开花。宗教狂热者往往轻视花期定时技术，更愿意把这些花朵想象成香客，认为它们“感受到的只有生长的力量，一路自我鼓励，穿过生命中的黑暗”，坚信“光明会到来，它们会在荣耀中闪闪发光”。使这些花朵风行的另一个重要原因就是它们馥郁的芳香，时常有人称其为“芬芳的香炉”。美国诗人克劳德·麦凯

20世纪初庆祝复活节的贺卡

是一个共产主义者，他对百合花的“神圣符号”丝毫不感兴趣，对它的芳香却记忆犹新，他回忆道：“我这个异教徒，在它的殿前朝觐/愿把心交托给它芳香的大能。”

今天，至少每个美国人都认为长叶百合就是复活节百合，不用去教堂便可观赏到。到了20世纪初，复活节不仅仅是假日，还添加了时尚（复活节女帽）和赠礼（彩蛋、花朵、贺卡）的内容，多数贺卡都印着非圣母形象的普通女孩。20世纪30年代，人们培育出长叶百合较短的新品种，当作盆栽植物出售。今天，多数人看见的长叶百合都是盆栽植物。除了一品红、菊花和杜鹃花，复活节百合是美国最常见的盆栽植物，大西洋沿岸每年培育的1000万个复活节百合鳞茎，大多数源自俄勒冈和加利福尼亚南部交界处的四个农场。

20世纪初庆祝复活节的贺卡

这些优雅的长形花朵尚未完全占领市场，另外一个竞争者——南非水芋或海芋（这通常是英国人使用的名称）也要争取“复活节百合”这个称号。19世纪中叶的园艺杂志这样描述：水芋“太普通，养花人不费心力即可获得很多”。但是，人们对水芋的需求量极大（在1878年的复活节，旧金山的恩典教会需要4000枝），多数水芋都由鲜花农场供应。1896年，艺术家查尔斯·沃尔特·斯特森（Charles Walter Stetson）以油画形式呈现帕萨迪纳附近水芋生长的田野，并将其命名为《复活节的祭品》（*An Easter Offering*）。

百合的需求量很大，供给尚不充足。商家供应的花卉愈来愈多样化，购买也愈加便捷，人们也随之更加精心设计家庭和教会的花卉装饰。任何种类的消费主义都受风尚的驱使，商家必须追随新生事物。在1887年，纽约的花卉商彼得·亨德森（Peter Henderson）在复活节奉献了一个新事物——一个花篮，“其形状正如一朵大水芋”。其他人也开始讨论他们自己的复活节“场景设计”，因此，新开的百货商店的橱窗设计从教堂的装饰中获得了灵感。在1890年的复活节，芝加哥一家珠宝店的橱窗里陈列了一个很大的白色十字架，橱窗以玫瑰花瓣和几支水芋点缀，每朵水芋中心都有“一粒钻石，熠熠闪光，如同一滴晶莹剔透的露珠”。水芋成为奢侈品中的奢侈品，这一地位是在20世纪初确定的。难怪迭戈·里维拉（Diego Rivera）用油画描绘墨西哥承受生活重压的卖花者时，水芋在许多画里反复出现。

查尔斯·沃尔特·斯特森，《复活节的祭品》，1896年

迭戈·里维拉，《卖花者》，1941年

专为复活节种植的水芋是白色的（水芋还有其他颜色）。除了颜色，这些水芋与圣母百合并无其他相似之处。水芋外层精致的花瓣实际上是一个佛焰苞，是一片特化叶或叶状苞片。苞片里是细柱状的佛焰花序，是由许多小花覆盖的、肉质的花序柄。在弗洛伊德提出象征主义之前，这种花朵对艺术家已有强大的吸引力，其关键原因在于它阴茎状的佛焰花序由佛焰苞包裹。维多利亚时代的人们认为，阴茎状的佛焰花序呈现的是正直诚实。人们先把佛焰苞视为风帽或壳状物，在弗洛伊德之后，又明确视之为女性的外阴。在精神分析法盛行时期，从查尔斯·德穆思（Charles Demuth）常被人复制的油画《水芋》[1]（*Calla Lilies*, 1926）到达利的油画《伟

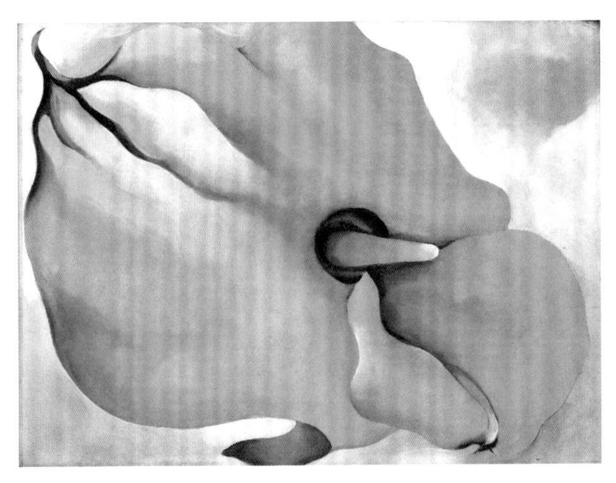

乔治娅·奥基夫，《黄色水芋》（*Yellow Calla*），1926年

1 暗指穿异性服装的歌舞杂耍演员伯特·萨沃伊（Bert Savoy）。

大的自慰者》（*The Great Masturbator*，1929），再到摄影师罗伯特·梅普尔索普（Robert Mapplethorpe）拍摄的众多照片，性感的水芋从未缺席。

然而，在另外一些人看来，水芋的魅力主要在于它的构造。水芋有精致的白色轮廓，仿佛经塑造而呈流线型，颇具现代感。它与爱德华七世时代流行的娇小纤弱的自然主义风格的花朵大相径庭。时髦的花卉设计师（比如，康斯坦丝·斯普赖 Constance Spry ）遵循装饰派艺术风格[1]设计雅致的室内装饰时，使用水芋成为司空见惯的手法。水芋也是乔治娅·奥基夫（Georgia O'Keeffe）创作的一系列大幅度裁切的特写画像的主题。虽然奥基夫的丈夫阿尔弗雷德·施蒂格利茨（Alfred Stieglitz）成功地把她的水芋油画宣传为色情艺术，奥基夫则坚持认为自己对水芋的结构和空间感兴趣，将它以全新的方式呈现出来。她说，花朵很大，人们会“感到惊喜，慢慢地欣赏”它们，而不只是把所有陈旧的联想都套在花朵上：“你描写我的花朵时，仿佛你认识、你看见的花朵就是我认识、我看见的样子并不是！”（这种态度，亦可见于《玫瑰花》。）

1 装饰派艺术（Art Deco，源自法语词“Arts Décoratifs”）是20世纪二三十年代在欧洲和美国兴起的设计、室内装饰和建筑艺术运动，得名于1925年在巴黎举行的装饰艺术和现代工业国际博览会。装饰派艺术风格以色彩明亮、轮廓呈流线型和几何形为特征。——译者注还有另一种看待复活节百合的方式。1925年，爱尔兰人选用复活节百合作为象征符号，纪念1916年都柏林复活节起义[1]。这是爱尔兰妇女协会（Cumann na mBan）的提议，她们想用一种方法代替三色国旗。她们认为三色国旗使人联想起1921年遭到分治的国家，三色旗已经“卑微地降下”，人们佩戴百合花替代三色旗。复活节百合本身就有三色：绿色（叶子）、橙色（佛焰花序）和白色（佛焰苞）。爱尔兰人选用它象征旗帜“再次升起”。当然，还有更多实际的考虑。妇女协会已经观察到英国皇家军团利用虞美人花的魅力所带来的巨大成功。出售复活节百合徽章，可以为国家坟墓协会

壁画里固定百合花的别针，贝尔法斯特，2010年

1 都柏林复活节起义（Dublin Easter Rising），1916年复活节时在都柏林发生的反抗英国统治的暴动，在四天交战中有100名英国士兵和450名爱尔兰人死亡，数名起义领袖后来遭处决。——译者注

（National Graves Association）提供资金，支持他们纪念共和国的亡灵。

自此以后，复活节百合徽章一直在爱尔兰出售。当然，它们在市场上的流通也曾遭到限制，也有人推广1916年其他种类的徽章。新教与天主教的冲突于20世纪60年代末加剧，1998年《耶稣受难节协定》（the Good Friday Agreement）的达成结束了此次冲突。在这些“动乱”的岁月里，在边境以北，复活节百合凭借愈加受人重视的三色特质而成为特别重要的象征符号。爱尔兰共和运动于1969年底走向分裂，此时，纸质领徽的风格样式也具有重要的意义。第二年复活节时，正统派爱尔兰共和军和临时派爱尔兰共和军分别举行纪念游行活动，正统派佩戴自粘的徽章，而临时派使用传统别针。正统派被称为“粘贴派”，他们竭力给临时派贴上“针头”[1]的标签，但未能成功。不过，我们从贝尔法斯特的复活节百合壁画中看到，别针已是符号的一部分。

双方都承认很难说服对方放弃这些符号，于是《耶稣受难节协定》规定，国家新制度的缔造者，尤其是北爱尔兰议会委托的立法团体，应确保徽章的使用“旨在促进互相尊重而不是分裂”。议会甚至选择了一个新的花朵徽章亚麻花。许多人都煞费苦心地记住这朵花的象征意义（六朵花代表北爱

1 英语中“针头”（pinheads）一词另有“傻瓜、笨蛋”的意思。——译者注

尔兰各郡，同时认可国家的亚麻行业），几乎无人为中立符号的选用需求再起争论。

这让我们想起2001年，民主统一党[1]春季召回休会期间的议会，讨论在议会大厦布置复活节百合的提案。此前新芬党[2]曾提出一项动议，在百合花的旁边张贴告示，为国家坟墓协会的工作做广告，但是动议已遭到否决。民主统一党坚持认为，布置百合花这个提案不可接受。辩论过程中有人谴责说“佩戴洁白百合花的懦夫”“佩戴复活节百合花的胆小鬼”曾经杀过人；也有人严重警告说百合花有毒，猫吃了危险很大（“肾衰竭、呕吐、丧失食欲、抑郁、死亡”）。有一个议员责问道：“难道我们想在那样的氛围里工作吗？”因为必须要有跨社群的批准，动议遭到否决，但是百合花被保留了下来。到了第二年，乌尔斯特省比较温和的民主统一党成员提出“折中的方案”，在10月、4月和7月分别安排虞美人、复活节百合花和橙色百合花的展览。

奥兰治–拿骚家族（Oranje-Nassau）的王子威廉三世于1689年与他的妻子即英格兰、爱尔兰和苏格兰女王玛丽联合执政，此后，橙色百合成为威廉三世的一个标志。然而，在爱尔兰新教徒看来，橙色百合主要象征威廉国王在1690年博

1 民主统一党（Democratic Unionist Party, DUP）是北爱尔兰的一个政党，主张爱尔兰归属联合王国。——译者注

2 新芬党（Sinn Féin）为爱尔兰政党，主张北爱尔兰和爱尔兰共和国统一。——译者注

扬·戴维茨·德·希姆（Jan Davidsz. de Heem），《椭圆画框内奥兰治家族的威廉三世之画像》，17世纪60年代中叶

因河战役（Battle of the Boyne）中击溃了詹姆斯二世的天主教军队。

学名为“珠芽百合”（*Lilium bulbiferum*）的橙色百合或“火”百合原产于欧洲中南部，至少在15世纪时已经被移植到荷兰，开始在佛兰芒人的油画里出现。人们曾经称它为鲱鱼百合（Herring-lily），因为它每年的开花时节正是鲱鱼的捕捞季节。它正式的荷兰名字是黑麦百合（*roggelelie*），暗指它经常生长在黑麦生长的、贫瘠的沙质土壤里。橙色百合与威廉三世产生联系，第一个证据出现在扬·戴维茨·德·希姆为威廉三世所绘的仪式肖像画里。王子尚在少年时期，他的肖像被镶嵌在奢华的椭圆形画框内，向日葵、牡丹花、牵牛花、玫瑰、樱桃、甜瓜、杏和橙子等花朵与瓜果簇拥其周围。画框突显一对纹章鹰，下方是威武的荷兰狮子肖像。王子肖像的正下方是一朵橙色百合。荷兰人所称的奢华静物画（*pronkstilleven*），其中一位大师就是德·希姆。这幅静物画既呈现了奥兰治家族的财富，又是他们权力的象征。威廉和玛丽在汉普顿宫的花园里追求的也是“奢华”。他们并没有（像今天有些人所言）种植几英亩的橙色百合，而是按照荷兰最先进的水平修建三个玻璃暖房，广泛搜集并在暖房里种植英格兰已有的娇贵的奇花异草。他们修建暖房时可能有某种象征性的意图，但是，暖房中收藏的唯一一种百合是非洲百合（*Agapanthus africanus*），即源自好望角的蓝百合（Blue Lily）。

但是，这一切并未引起奥兰治兄弟会[1]的兴趣。18世纪末成立的奥兰治兄弟会用歌曲和旗帜庆祝博因河战役胜利；他们唱着“皇家忠诚的百合花啊”，他们的旗帜上装饰着石竹花（sweet williams）、橙色百合（还有英国国旗图案）。事实证明，橙色的七月百合极似白色的复活节百合，销路不好。2007年，奥兰治兄弟会占80%股份的谢德罗（Shaderoe）公司在博因河战役遗址购置27英亩田地，打算培育百合鳞茎，出售时搭配“真正的”战场土地的表层土。然而，其结果一直是进口大于出口。2016年，奥兰治兄弟会为了纪念索姆河战役一百周年，从荷兰购买了十八万株百合鳞茎。

也许，情况开始发生变化。在2013年，新芬党领袖格里·亚当斯（Gerry Adams）在推特上发布了一张照片，照片上自己花园里的橙色百合花蓬勃茂盛，还配上那首有名的有亲英倾向的歌曲歌词：“嘿，嗬，百合啊！”第二年，他做了同一件事。当他的追随者们感到吃惊时，亚当斯以开玩笑的口吻回答：“我的花园里长满橙色百合，这证明了时代和人群不断变化，而且我们保持着互相容忍的关系……”

1 奥兰治兄弟会（the Orange Order）成立于1795年，是爱尔兰的一个新教政治协会，得名于曾打败笃信天主教的国王詹姆斯二世的奥兰治家族新教徒威廉三世。——译者注

康乃馨

夏洛特谈起自己一生中“最糟糕的一次约会”:“我知道会不愉快的，这个男人送给我的是康乃馨。”这是2003年的曼哈顿。或者确切地说，是HBO播放的《欲望都市》中浪漫场景中的雷区。夏洛特对花朵轻蔑的反应是我们许多人都认可的反应:“这花是衬花”。康乃馨的花枝很实用廉价、持久，在超市里总能买到（在英国我们购买的60%的鲜花是康乃馨），它们无法传递很多思想，无法说明花朵需要的工夫。“可以向女主人送一束康乃馨吗？不可以！”《时尚》（*Vogue*）

杂志的编辑苏茜·门克斯（Suzy Menkes）设问道。

宙斯之花[1]香石竹（*Dianthus caryophyllus*）如何沦落至如此卑微之境地？

石竹（*Dianthus*）这一属有300个种类，其中康乃馨是原生于地中海地区的粉紫色花朵，其培育历史悠久，难以追踪到确切的源头。这种花朵5世纪时在北欧的花园里已司空见惯，从那时起无人对它溯源。康乃馨走向大众化主要在于它的顺应杂交，说难听一点，就是它愿意产出“变种”，即“自然界的杂种”，花朵的褶皱、纹路、线条千姿百态。然而，无论是最初采花的贵族还是后来养花、举办花展的花卉商，几乎都不欣赏康乃馨这种“畸形的后裔”。今天“花卉商”（florist）这个词用以描述卖花的人，但是从17世纪到19世纪末，它指代业余时间热爱花卉的工匠（比如，许多织布工是花卉爱好者），他们培育特别种类的花，参加展览、竞赛。耳状报春花、郁金香和风信子是大众化的，唯有康乃馨是有选项的：“双色香石竹”（白底上有单色条纹）、“异色香石竹”（底色上有两种以上颜色的条纹）、“斑纹香石竹”（花朵的边缘颜色比其他部分更深）。

当时，人们尚不完全了解植物繁殖的机制。品种的差异通常源于“意外耦合”或者环境因素的巧妙操控。人去抢夺功

---

1 康乃馨植物学属类名“Dianthus”，词源为希腊语“dios”（神圣的，指宙斯）和“anthos”（花朵），即“献给宙斯的花朵”。——译者注

亚历山大·马歇尔（Alexander Marshal）于17世纪中叶编纂的《花谱》中的一页。这一页全是康乃馨。马歇尔给它们命名为杂交石竹、粉红绒球、圆珠、科尼利厄斯将军、贝克将军，写在该页背面。这本花谱一共有284朵花，其中60朵是康乃馨

劳就等于扮演上帝。18世纪的植物学革命改变了这一切。人们最终承认，花朵“只不过是植物的生殖器”[1]，各种各样的创造物都可以在“婚床”上通过干预而创造。康乃馨在这个故事里充当关键的角色，因为第一个有记录的、有明确意图的、用两个截然不同的物种进行杂交繁殖的案例就与石竹有关。扮演

1 林奈（Linnaeus）1735年直截了当地说。

上帝（或丘比特）的人是霍克斯顿的苗圃工人托马斯·费尔柴尔德（Thomas Fairchild）。1717年，他把须苞石竹（*Dianthus barbatus*）的雄性花粉转移到一朵康乃馨的雌蕊上，创造“一种完全不同的植物”。30多年以后，林奈的《植物种志》（*Species Plantarum*）确立了现代植物学的命名体系（属类之下是种类）和分类体系（依据花朵的雄蕊和雌蕊的数目）。“费尔柴尔德的杂种”（Fairchild’s Mule）有两例样本，如同公驴和母马的杂种一样，没有繁殖能力，但是，这两个样本分别在牛津大学植物标本馆以及伦敦自然历史博物馆的植物标本馆存活下来。

从那时起，培育的康乃馨有几千种，我主要想讨论其中“四季开花的”这个品种。它是康乃馨和粉红色的中国石竹（*D. chinensis*）的杂交品种，由美国的苗圃工人培育。这个品种的培育促进了19世纪末大规模商业花卉园艺的发展。康乃馨原本在仲夏季节开放，其俗名“七月花”足可以说明这一点。然而，康乃馨的培育在一定程度上解释了它如何成为大规模种植、全年供应的花朵，从而在“五一”劳动节、母亲节，甚至2月剧院的夜晚均可现身。

奥斯卡·王尔德“创造”了绿色康乃馨，他的支持者们参加1892年《温德米尔夫人的扇子》（*Lady Windermere’s*

Fan）的首映式时佩戴的就是绿色康乃馨。王尔德认为，绿色康乃馨是康乃馨最后的最畸形的后裔，它是“艺术品”，不是植物，无须在盆栽棚里培育。

这不是王尔德的作品推出的第一朵花。早在十年前，王尔德受美术与工艺运动（Arts and Crafts movement）的影响，宣称自己最喜爱的花是向日葵和百合，“绝非因它们可以食用”，而是因为它们有“最完美的设计造型，最自然地适合装饰艺术”。[1]王尔德酷爱花朵，那些才华、思维、机智均不及他却惯于讽刺之人便借机攻击他。1881年，《笨拙》（*Punch*）漫画杂志描绘王尔德时用向日葵做他的头，并附诗一首，说他“慵懒地热爱百合花”。该诗云，百合花“长”且“柔软”，“脆弱且纤细/周围悬挂阴湿的叶子”。太隐晦了！

在19世纪90年代，唯美主义变成“新的、美丽的、有趣的疾病”，其名曰“颓废”。此时，一些非自然之物（比如经染色而鲜艳的康乃馨）取代了百合花和向日葵花。染色本身矫揉造作却令人艳羡。当然，并非任何颜色都打动人。颓废派艺术家除看重黄色外，最喜爱绿色。这也许出人意料，因为正如戴维·卡斯顿（David Kastan）所说的，绿色是“植物界的颜色”。事实上，英语单词“green”（绿色）和“grow”（生长）共有的词素提醒我们，光合作用（植物把阳光、二氧化碳和水转化为养分的过程）依靠叶绿素吸收光谱中红色和蓝色部分的电磁能。

1　这两种花朵也是威廉·莫里斯（William Morris）纺织品和壁纸设计的突出特色。

除了康乃馨的花瓣之外，绿色是最自然的颜色。今天，我们能看到“绿毛球”（Green Trick）或“绿岩浆”（Green Magma）这类须苞石竹都有非常鲜亮的颜色，但是，也许受王尔德的影响，我们很难找到“埃尔茜凯琴”（Elsie Ketchen）或“朱莉马丁”（Julie Martin）这类青黄色康乃馨。然而，王尔德在伯灵顿拱廊街花卉商爱德华·古德伊尔（Edward Goodyear）的帮助之下“发明”的那种绿色，并非因植物繁殖所得，而是用苯胺染料制成的孔雀石绿。染色康乃馨不是新鲜事，人类尚未了解植物繁殖的本质时，花朵颜色的差异常常是用某种“色调的”水着色的。越来越多的花卉商开始出售别在纽扣上的绿色花朵，坊间就传说这种“一先令的便宜货，原本就是一朵白色康乃馨”，秘方究竟是墨水还是苦艾酒？有一位撰写幽默短剧的作家竟推测说：“他们是用掺了砒霜的水浇花吗？”1892年《艺术家》（*The Artist*）在4月这期杂志中把所有技巧都教给了读者：把康乃馨的花梗浸入孔雀石绿的溶液里，颜料“通过毛细管吸引”上升至花瓣，“12小时后花瓣着绿色，浸没时间愈长着色愈深”。

有人认为，王尔德根本没有创造花朵，只是从巴黎的同性恋文化借来了一个偶像。然而，这个观点几乎没有佐证，仅存的事实是，康乃馨的名字在法语里是“*oeillet*”，意思是“小眼儿”，是“肛门”的俗称。（另见《玫瑰》。）当王尔德用花朵装饰扣眼儿时，脑海中是否闪现过这些词的联系；他是否说过“装饰精美的扣眼儿是艺术和大自然唯一的联系”这类俏皮话，无从知晓。这个花朵是同性恋的一个标志，这一看法儿年后大体上是由罗伯特·希钦斯（Robert Hitchens）确立的。希钦斯当时匿名发表的纪实小说《绿色康乃馨》（*The Green Carnation*），影射王尔德和博西（Bosie）即阿尔弗雷德·道格拉斯勋爵（Lord Alfred Douglas）之间的同性恋情。事实上，王尔德把这位爱人和所有花朵联系起来，他的爱人的昵称有"百合花""黄水仙"。1895年，他在自己的戏剧《不可儿戏》（*The Importance of Being Earnest*）的首演仪式上精心设计了"芬芳的氛围"，献给博西，他邀请所有支持者佩戴"谷中的百合花"，他自己则佩戴一朵绿色康乃馨。至此，他一度宣称没有任何含义的绿色康乃馨就成了寓意丰富的符号，它象征同性恋、颓废派唯美主义，最核心的意义是它代表王尔德本人。

从诺埃尔·科沃德（Noël Coward）1929年上演的滑稽剧《苦乐参半》（*Bittersweet*，故事主角是"傲慢的男孩、不羁的男孩"[1]）到21世纪初索霍区同性恋酒吧的名字，我们在许

---

1 诺埃尔·科沃德撰写的音乐剧《苦乐参半》于1929年上演时，在剧中的一个四重唱里，四个19世纪90年代穿戴讲究的花花公子这样唱道：

Pretty boys, witty boys, You may	漂亮的男孩、聪明的男孩啊，你可能
Sneer at our disintegration.	嗤笑我们的堕落。
Haughty boys, naughty boys,	傲慢的男孩、不羁的男孩啊，
Dear, dear, dear!	亲爱的，亲爱的，亲爱的！
Swooning with affectation...	为情感心醉神迷……
And as we are the reason	为何"90年代"是快乐的
For the "Nineties" being gay,	我们就是理由，
We all wear a green carnation.	我们都佩戴绿色康乃馨。

歌词中的gay有双重含义（快乐的；同性恋的），有同性恋身份的人是"快乐的"，后来大众逐渐使用它新的含义，即"同性恋的"。——译者注

多地方都能找到王尔德的康乃馨留下的传统。在20世纪初女性作家撰写的校园故事里，我们也能察觉到康乃馨传统的痕迹。这痕迹虽隐晦，但附着力很强。在凯瑟琳·曼斯菲尔德（Katherine Mansfield）的短篇小说《康乃馨》（1917）里，伊芙（一个充满诱惑力的女子）总是携带一朵花去上课，用花朵搔弄她的朋友凯特的颈部。有一天，伊芙带了一朵“深红色的”康乃馨，美丽却矫揉造作，“仿佛在酒里浸过又在黑暗里阴干”。康乃馨为泡制的草药添加丁香之味，因此，民间称它为“酒中物”，曼斯菲尔德是否意识到这一点了呢？不管怎么说，当老师（恰好）朗读法国诗歌时，凯特放眼窗外，目光落在一个上身赤裸，正用水泵汲水的男人身上，此时她嗅到教室里弥漫的氤氲的花香，香气、声音、视觉、醉人的节奏浑然一体，凯特感受到“冲击、升腾、狂喜这强烈的”瞬间，这种体验只能描述为多感官的高潮。这个瞬间消失了，伊芙却看在了眼里。她“沿着凯特衬衫的前襟”掷下康乃馨，喃喃自语道：“多么温情的记忆！”

薇拉·凯瑟（Willa Cather）的短篇小说《保罗事件：对禀性的一项研究》（*Paul's Case: A Study in Temperament*）中的少年主人公遭遇的却是不幸。小说中的康乃馨不是绿色的，是“轻浮的红色”。当然，这也许说明当时匹兹堡市面上出售的就是这种，并非出于佩戴者的本意。否则，正如保罗的高中校长所观察到的，他“花花公子的气质”很明显。然而，这种情况以悲剧告终，因为凯瑟清醒地意识到：在保罗的世界，他的生活不可能成就“他一直渴望成为的那种男孩”。在一个大雪纷飞的夜晚，保罗离家跑到纽约。他站在第五大街的街角，花卉商花架上的鲜花令他激动得颤栗不已：“玻璃罩下整个花架的鲜花怒放，玻璃罩周围是积雪；紫罗兰、玫瑰、康乃馨、‘谷中的百合花’，它们在雪地里如此不自然地开放，却莫名其妙地显得更可爱，更诱人。”（见《紫罗兰》。）然而，第二天，保罗发现，别在他大衣上的康乃馨因寒冷而“下垂”，“其红色的荣耀一去不复返”。荣耀的花朵“英勇地讽刺了冬季玻璃外面的世界”，最终“必然倒霉”。他在地上挖了一个小洞，小心翼翼地埋葬了其中的一朵康乃馨。最后，“好像有人正看着他”，他摆出夸张的姿势，朝行进中的火车扑去。

保罗佩戴的康乃馨可能和王尔德佩戴的同属一种，此种康乃馨是法国石竹的一个变种，花型大，似玫瑰，香味浓郁，适合佩戴于衬衫的扣眼儿上。[1]保罗在纷飞的大雪中看到的花朵不可能是难以培植的法国石竹，更可能是可靠的、温室里常年种植的康乃馨。因此，保罗这一案例不仅仅是对少年特定禀性的研究，还是对这种禀性得以表达的可能性所做的研究。这些可能性源自更朴素的方方面面，尤其是花卉培育中

1 有人据此杜撰故事，说王尔德最钟爱的香水是弗洛瑞斯（Floris）品牌的法国石竹香水（*Malmaison*），而事实上，他更喜欢该品牌的坎特伯雷木紫罗兰香水（*Canterbury Wood Violet*）。

生产和分配体系的长足进步。第五大街的花朵来自马萨诸塞州图克斯伯里镇（该镇自称“世界的康乃馨之都”）的温室或者来自加利福尼亚州抑或科罗拉多州（在这两个州人们甚至谈论“康乃馨淘金热”）的“温室地带”。保罗这样的唯美主义者往往认为，在那个工业化基础设施大规模生产的时代，花朵是一个美丽的选择，俨然忘却了他们对抗那个时代时利用的媒介恰好是那个时代的产物。同样，持续了至少一个世纪的革新者就像制作大批的小红旗一样培育他们的康乃馨。

1886年5月1日，纽约、辛辛那提、芝加哥和美国其他城市成千上万的人举行罢工，要求缩短工作日。他们游行时高唱：

我们想感受阳光；

我们想闻到花香。

我们肯定此乃上帝的意愿。

我们工作只要八个小时。

两天后，在芝加哥的一个收割机制造厂，警察朝罢工工人开枪；接下来的一天，在干草市场（Haymarket Square）举行的抗议集会以暴力冲突和骚乱收场。警察准备干预抗议活动时，有人在他们前进的途中投掷了一颗炸弹，炸弹爆炸，双方交火，七名警察和四位工人遇难。这个事件人们铭记在心，因为一群闻名遐迩的无政府主义者被定罪后，被施以绞刑。这群人主要是德国人的后裔，暴乱发生时并不在现场，但是据说他们的思想影响了那个身份不明的投掷炸弹的人。许多人借此事件控诉美国这个国家。小说家威廉·迪安·豪威尔斯（William Dean Howells）曾问道：美国仅仅因为五个人的观点就杀了他们，那么美国人怎么还能夸耀自己的“自由共和国”呢?

干草市场暴乱产生了很大的影响，工人的权利运动与“五一”节的庆祝习俗从此有了持久的联系，这种联系1889年在巴黎得以稳固。那年7月，马克思主义国际社会主义大会（Marxist International Socialist Congress）讨论了诸多议案，其中之一是美国劳工联合会（American Federation of Labor）主席的提议：确定一个国际游行集会日，争取八小时工作日，纪念干草市场的逝者。1890年5月1日，西欧、美国、南美的几十个城市庆祝第一个国际工人节（International Workers' Day）。英国历史学家埃里克·霍布斯鲍姆（Eric Hobsbawm）认为“五一”劳动节“关注的就是未来”。尽管如此，从干草市场的烈士一直追溯到法国大革命，“五一”劳动节的试金石立于过去激进的斗争中。从此，大规模生产的红色康乃馨涌入市场，取代了人们传统上庆祝这个节日时使用的山楂花和雏菊等乡村花朵。

阿尔诺·莫尔（Arno Mohr）为德国统一社会党（SED）
庆祝1946年“五一”节设计的海报

红色究竟在哪里、又是如何获得激进（而不是高贵）的名声，这很难解释；但是，17世纪时，在遥远的日本和意大利的抗议活动中，红色是很突出的颜色。在英国，克伦威尔新模范军（New Model Army）的士兵手臂上都缠着红丝带；在法国的布列塔尼，印花税抗议者的身份特征就是红帽子。一百多年以后，在法国大革命期间，雅各宾派重新使用红帽子，直接对抗穿红色后跟鞋的贵族。从那时开始，红色作为一种颜色符号被确立下来，它代表过去烈士的鲜血和未来斗争火一般的激情。据说，首次纪念干草市场的逝者时使用的就是红色康乃馨，这些康乃馨是园艺工人出售的附近的存货。无论如何，到今天，植株高大、常年生的像旗帜一样的红色康乃馨就和激进主义产生了关联。

红色康乃馨极具象征意义，它与1917年的俄国革命也有千丝万缕的联系纳德日达·索波列娃（Nadezhda Soboleva）特别指出，“红旗、红领结、红丝带和红色康乃馨是彼得格勒和莫斯科街头群众的标志”自此以后，俄国革命的纪念活动离不开红色康乃馨。苏联的阅兵场到处是红色康乃馨，甚至在静默的灯柱、隆隆驶过的枪炮上都装饰着康乃馨。[1] 1925年，布罗卡德公司以新的国有制造商的身份重新推出这款香水，重新命名为“Krasnya Moskva”（红色/美丽莫斯科）。俄语“*Krasnya*”有“红色”和“美丽”双重含义。

20世纪80年代苏联纪念“十月革命”的明信片

1 1974年的一门榴弹炮赫赫有名，有人称其为“康乃馨”（Gvozdika），空气中也弥漫着康乃馨芬芳的丁香味。布罗卡德公司曾于1913年为沙皇尼古拉二世的母亲研制了一款香水，名为“女王最爱的香味”（Le Bouquet Préféré de l’Impératrice）。

今天，具有革命精神的康乃馨不只出现在“五一”节的游行队伍里，世界各处都有它。在希腊，康乃馨尤其与抵御纳粹侵略的共产主义者的关键人物尼科斯·贝洛扬尼斯（Nikos Beloyannis）有着紧密的联系。1952年，在臭名昭著的右翼政治肃清运动中，贝洛扬尼斯于当年的3月30日被处死。在去刑场的路上，一位不知名的年轻女士递给他一朵康乃馨。此后，贝洛扬尼斯面带微笑、手持康乃馨的照片广为流传。许多艺术家、知识分子参与请愿活动，要求释放贝洛扬尼斯。巴勃罗·毕加索（Pablo Picasso）是其中的一员，他用这张照片的人物形象创作了素描画《手持康乃馨的人》

塞尔吉奥·吉马良斯（Sergio Guimarães）
为庆祝1974年4月25日的“康乃馨革命”而设计的海报

（*L'Homme d'Oeillet*）。

西莉斯特·马丁斯·凯伊罗（Celeste Martins Caeiro）是另外一个传递康乃馨的年轻女性，她的名字已载入史册。1974年4月25日，她在里斯本市中心的一家餐馆当服务员。那天是餐厅营业的第一个周年纪念日，经理已经带来雪茄和康乃馨，准备分发给顾客。然而，计划变了，因为收音机里播放消息说，即将发生军事政变，坦克已经开始沿街道轰隆隆地开过来。经理告诉员工，他们可以回家，可以把这些花也带回家。马丁斯·凯伊罗刚刚缓过神儿来，知道了正在发生的事，这时，一个士兵走近她，向她借香烟。她没有给他香烟，而是给了他一朵花。士兵（也许想到了1967年的五角大楼抗议活动见《菊花》一章）就把花朵放进了枪管里。马丁斯·凯伊罗沿街继续向士兵们分发康乃馨花朵。那天，成千上万的当地居民走向街头，人们感到，反对"新国家"（Estado Novo）40年独裁统治的军事起义俨然是一次街头派对。"康乃馨革命"（Revolução dos Cravos）顺利启动。显然，马丁斯·凯伊罗不可能向全市供应康乃馨，一些目击者回忆说，大部分花朵来自里斯本的花卉市场。虽然白色康乃馨和百合花也是免费的（复活节刚过去十天），但是，它们的意义不同于红色康乃馨。摄影师总能找到更灿烂的红色康乃馨，这样，红色康乃馨就顺理成章地成为此次革命不朽的符号。

在本章最后一部分，我用母亲节这个美国假日作为一例，来说明康乃馨对于传统的塑造。一年中用一天时间专门向母亲致敬，该传统可追溯至久远的时代，早期基督教会继承这种传统设立母亲日（复活节三周前的星期日）。这个节日逐渐演变，在这个星期日，仆人都可以放假去探望父母，去自己曾接受洗礼的教会（他们的“母亲”教会）做礼拜。现代的假日有些不同，然而它的源头在于19世纪人们对母性的政治价值的认识，还有20世纪初人们对女性角色和家庭生活的变化产生的焦虑。

这个故事始于1908年5月10日那个星期日。在西弗吉尼亚州的格拉夫顿，一位名为安娜·贾维斯（Anna Jarvis）的女子向圣安德烈循道宗圣公会（St Andrew’s Methodist Episcopal Church）奉献了500支白色康乃馨，会众中每一位母亲都有一支。这与其说是善举，不如说是一项声明。在接下来的六年时间里，贾维斯不知疲倦地游说国会，直到1914年国会通过投票指定每年5月的第二个星期日为一个全国假日，“向我国的母亲们公开表达我们的爱与敬意”。

四年后，美国花卉协会举行了首次全国推广活动，一百多年以来，它的口号一直流传不朽。“以花传情”，协会如此说，我们就如此做。花卉协会的主旨是把买花融入日常生活中，然而，它如同贺卡产业一样，使常规庆祝活动与礼仪以及电话与电报技术显得愈加重要。庆祝活动与礼仪使分散于五湖四海的家庭成员凝聚起来，电话、电报技术方便了家庭成员互赠礼物。据《花商周刊》（*Florists' Review*）记载，母亲节在1920年已成为公共假日，这一天是“花卉商的盛大的日子”，也是人们“发送长途信息的日子”。

事实令贾维斯震惊。“母亲节”设立的初衷是“家庭日”“回家和家人团聚的日子”，而不是赠送昂贵礼物的日子。1908年，她花半分钱买了一朵花，但是到了1920年，花卉商（当初她在游说国会时，花卉商曾是她热情欢迎的同盟）出售的康乃馨一支一美元。贾维斯尝试各种方法削弱这种生意。首先，她提议抵制所有的花卉商，用一面美国国旗充当礼物取而代之，或者送一朵“朴实、廉价”（当然，不用花钱？）的蒲公英。后来，母亲节国际协会意识到人们需要一种更独特的东西，开始生产自己认可的、印着一朵白色康乃馨的徽标。但是，为时已晚，精灵已从瓶子里逃逸。1922年《纽约时报》报道：“有时一打康乃馨需四美元，价格很高，但是花卉商的康乃馨生意兴隆。”至此，人们对白色康乃馨的需求不再计较成本，这些花渐渐偏离了贾维斯最初的设计目的。广告开始向人们暗示，“花朵的选择范围更广”，可以使“庆祝方式更令人满意”。广告用两句诗鼓励客户挑选不同的品种和颜色：

鲜花璀璨明亮，皆因母亲在家；

因为纪念母亲，花儿洁白无瑕。

在1914年，母亲节成为蒸蒸日上的花卉业渴望获得的最大的礼物。百年之后，母亲节依然为花卉业奉献力量。单在2019年，美国在母亲节购买鲜花的费用约为26亿美元。贾维斯为何在一开始选择白色康乃馨？明显是因为传统上康乃馨与圣母玛利亚的联系。据说，在耶稣殉难的十字架前，在母亲玛利亚落泪之处生出一种石竹，枝叶葳蕤，花朵盛开，因此，这石竹浸润着母爱。贾维斯自由运用维多利亚时代的花卉语言，使康乃馨蕴含的母性美德得以升华。“其洁白无瑕，”她说道，“象征母爱之真实、纯洁和宽厚；花的馨香，象征母亲的记忆和祝祷。康乃馨不会抛弃花瓣，枯萎时仍紧拥花瓣于怀中；母亲也这样拥抱自己的孩子，母爱永不枯竭。”

母亲节贺卡，1914年

贾维斯所做的选择也有个人原因。她的母亲安娜·里夫斯·贾维斯（Anna Reeves Jarvis）最喜爱的花朵就是康乃馨，而且她曾发起运动，号召人们选定一天纪念天下母亲的美德。这一愿望与干草市场罢工集会者的愿望极为相似，是美国内战的遗产。里夫斯·贾维斯深信，选择一年中的一天专门纪念母亲的美德有助于全美国重修旧好，因长时间因内战冲突而分裂的家庭可由此得以团圆。当然，此处指白人家庭。也许贾维斯想把康乃馨的象征意义限定在真理与纯洁性的传统意义里，但是，在彼时的美国，人们无法逃避其他联想。在19世纪60年代末，当贾维斯敦促美国人将战争置于脑后时，美国南方处处有白人群体组建的治安会。在阿拉巴马州，白色山茶花骑士团（the Knights of the White Camellia）和白色康乃馨骑士团（the Knights of the White Carnation）这两个治安会就是用花朵命名的。我们也许认为这纯属巧合，然而，当我们想起国会议员J.托马斯·赫夫林（J. Thomas Heflin）的家乡在阿拉巴马州时，便幡然醒悟。在国会提出设立母亲节这一决议的是赫夫林，他认为自己坚定不移地支持“我们心爱的白人女性”。然而，依据诸多报道可知，“棉花汤姆”[1]是在众议院工作过的“最无耻的种族主义者”。

---

1 J.托马斯·赫夫林坚持不懈地支持阿拉巴马州的主要农业产业——棉花产业，因此人们称其为“棉花汤姆”（Cotton Tom）。他在政治生涯中顽固地反对黑人、女人和天主教徒获得平等的权力。——译者注

SUMMER

夏

Summer

夏日午后，夏日午后；我一直认为这是英语里最美丽的两个词汇。

——亨利·詹姆斯（Henry James），
与伊迪丝·华顿（Edith Wharton）的对话

夏日的盛典！简直美得令人目不暇接！

——园艺主管伯特·皮尼格（Bert Pinnegar），
《老花匠：关于花园的小说》（*Old Her baceous: A Novelof the Garden*），
雷金纳德·阿克尔（Reginald Arkell）

亨利·詹姆斯和伯特·皮尼格度过夏天的方式不同。根据亨利·詹姆斯的秘书西奥多拉·伯赞基特（Theodora Bosanquet）的回忆，他通常躲在他萨塞克斯家中的“花园温室”里，他从这个角度“必然”能欣赏他的“英国园丁掘地、整理花圃、修剪草坪、扫落叶”的情景。与此同时，伯特·皮尼格是受人雇用的英国园丁——要亲自掘地、修剪草坪、扫落叶、给花园加边、摘除枯花、浇水、除草。他着实无暇欣赏“所有美好的事物”。尽管他不愿意挑剔“大自然的方式”，他还是禁不住期望，“要是这美景停顿哪怕半分钟，好让你看它一眼，那该多好”。

春天百花盛开，一波又一波、循序渐进的愉悦俨然是精心设计的、供就餐者品尝多道菜肴的菜单，而繁花似锦的夏天推出的则是盛宴——满桌的佳肴供饕餮肆意享用。色彩和香味比春天时更丰富：红色与粉色冲撞，茉莉花和薰衣草的香味互相渗透。我们和园丁一样，感官全部上阵，依然应接不暇。

如此多的美好事物，我们该如何是好？亨利·戴维·梭罗说，在夏天这个季节，我们“就像贮藏坚果的松鼠，为过冬积累经验，为冬天的夜晚准备谈资”。梭罗的许多经历都离不开野花，他像松鼠一样有系统地把这些花朵储存在记忆里，融入作品里。1853年7月26日，他在日记中写道：“我想，一年中大约百分之九十的花现在都绽放了。”五天后，又写道：“我估计，我认识的花能全年开放的不足四十种。”

阿克尔描写英格兰的夏天，梭罗描写马萨诸塞州的夏天——在这些地方，“开花的日子”要很久才来到，之后很快消失。北方的花卉种植者主要的业务就在11月和4月之间；他们无法理解为什么人们不把赠送礼物的假日、举行庆典的时间设在气候温暖、白昼时间长、鲜花繁盛且廉价的夏天呢？然而，问题的关键就在这里——7月我们不需要种花人，夏天是我们赞美大自然丰沛盈余的季节。约翰·克莱尔在北安普敦郡的一个村子里长大，这里的农舍仿佛是一张“仲夏的草垫”，“布满野花”的草地；意大利的城镇真扎诺（Genzano）有一条街道淹没在如同地毯一样的鲜花里；在布鲁塞尔，鲜花如同地毯覆盖了城市的大广场；在泽西岛，当地人一直到近几年还保留“打花仗”的狂欢活动，他们拆掉游行的花车，将大把的鲜花互相掷向对方。夏天，我们经得起浪费。

夏天炎热、漫长的白昼一个接着一个降临，似乎没有止境，时间也充裕起来。夏天，我们打开了所有感官，感受花朵繁茂、草木葳蕤，永不厌腻——夏天是永远等候人类重新入住的伊甸园。D.H. 劳伦斯把查泰来夫人和她的情人奥利弗·梅勒斯在6月所行的男女之欢想象成晚春和初夏一簇簇绽放的花朵：耧斗菜、石竹、忍冬、风铃草、勿忘我、车叶草、风信子，这些花朵联合起来，以“野性的”方式向夏天“致敬”。

对劳伦斯来说，夏天使情人有可能发现“对方身上的花朵”，这是现代男人和女人的和谐一致，也是情欲和精神的和谐统一。这种和谐也是中世纪波斯诗歌的灵魂，它主要是通过玫瑰这个形象来想象的。玫瑰是神圣的美在俗世的呈现，象征人间欢乐之转瞬即逝。在波斯的传统里，玫瑰与晚春有丝丝缕缕的联系。但是，玫瑰在世界许多其他地方都代表盛夏，因此我把它放在“夏季”这个部分。

在中国和日本的季节形象里，玫瑰不可能与荷花同日而语，因为夏天的花朵是荷花。荷叶惹人怜爱，香气馥郁，植株以水为家，因此，荷花让人想起躲避高温和尘土的一个清凉的世界。在印度，当夏天招来令人舒爽的雨水时，荷花就是雨季的花。

荷花和玫瑰至少到目前为止还无法在北极圈以内生长。极北的夏天意义非同寻常：人们欢庆接近10摄氏度的温度和漫长的白天。美国的人种志学者弗朗兹·博厄斯（Franz Boas）在1883年到达北极群岛的加拿大领地巴芬岛（Baffin Island），他如此记载：在隆冬时分，因纽特人会吟唱夏天的歌来振奋精神。他们期待海鸥不再大叫、驯鹿归来、河水自山上倾泻而下，有大量的肉和鳕鱼，野花在苔原上绽放。

啊呀，

啊呀呀，真美呀！夏天终于来了，户外多么美丽。

然而，150年后的今天，已无人再唱这支歌。全球变暖在北极比在世界其他地方快两三倍。在巴芬岛，古老的冰川一直向后退缩，暴露了冰封四万年的植物景观。夏天是冰雪融化的时间。

再向南走，气候炎热起来。每一年旱灾和暴雨（尤其是收获季节的暴雨）都会威胁这个地区仅剩的两种花——棉花和向日葵，这两种是农作物绽放的花。棉花和向日葵的大规模种植以及在全球的分布已经促成气候的变化，造成的后果也会影响未来种植的可行性。在世界上许多地方，夏季“美好的事物”都在遭受威胁。

气温更高的艳阳天越来越多，这意味着灾难而不是愉悦，生活在北方的人如果知道这些，就需要调整我们的思路。然而，夏天即将结束时，人们很难不会有怅然若失的心境：我们以挑衅的态度种植大丽花、鼠尾草等这些来自南方的植物，企图“延长”夏季。约翰·济慈说，蜜蜂聚集在这些开花较迟的植物上，误以为“温暖的日子永不会停止”。但是，即使在今天，温暖的日子总是会、最终会停止。伊甸园之后是秋天。

并非每个人都怅然若失。6月时，梭罗担忧大自然“完成使命的速度太快”；到了9月，他感到自己一直在吃“夏季的甜果”，如此狼吞虎咽已经太久。夜幕降临，一个全新的、植被不太茂盛的季节悄然而至，带来它独有的乐趣。

玫　瑰

你必须彬彬有礼，来时必须带着玫瑰花

我只和那些带大捧玫瑰花的男人约会。

我在找一位漂亮的女士。如果我中意，我可以带给你许多玫瑰。

玫瑰该给谁呢？每隔几封信都说到玫瑰。我在这儿不知如何是好。（大声笑）

大约十年前，杂志上的文章就开始提醒网络上不谙世事的人："必须送花"这样的请求说的不是花而是现金；"必须带玫瑰花"不是居心叵测的媒体提出的严苛要求，而是避开征婚交友网站禁止商业行为法令的一种方式。一旦澄清了送花这件事，我们就可以教那些倒霉的好色之徒如何送花。在情人节给女朋友送玫瑰花几乎是必须的（美国2018年的情人节就售出两亿朵玫瑰），慷慨大方的人还要加一瓶"香奈儿5号"香水，每一瓶30毫升的香水与一打百叶蔷薇（*Rosa centifolia*）相配。然而，倘若是（不付费的）首次约会，送玫瑰或香水作为礼物绝对不是好主意。礼仪专家说，玫瑰已经"过时"，而且传递的信息明显是"请喜欢我"，暗示携带玫瑰的人"缺乏自信、苦于恳求"。更糟糕的是，玫瑰让人产生"不现实的"预期，送一次玫瑰给人的印象是"你是有超人风格的'完美男子'"，但愿不会这样！

历史上是否有哪个时期，人的性关系中不牵涉玫瑰呢？在恋人的交流中，玫瑰一直起着重要的作用：中世纪有描写情欲的寓言小说《玫瑰传奇》（*Roman de la Rose*，"我渴望探索它的最深处，我感觉这太美妙了。"）；文艺复兴时期有"及时行乐"（*carpe diem*）的训谕（罗伯特·赫里克叮嘱人们"花

15世纪末《玫瑰传奇》手稿中的细密画：照料玫瑰花的情人

开堪折直须折”[1]）；维多利亚时期反映人极度兴奋时面颊的潮红（托马斯·哈代笔下的人物苏·布莱德赫德“在凝视红玫瑰时，往常苍白的面颊泛起绯红”）；还有许多花瓣形状的女性外阴雕塑[2]。

---

1 本句诗源自罗伯特·赫里克（1591—1674）的诗《致少女，请珍惜青春》（To the Virgins, To Make Much of Time）的第一节：

Gather ye rosebuds while ye may,	花开堪折直须折，
Old Time is still a-flying;	流年荏苒逝如飞；
And this same flower that smiles today	今日花开犹含笑，
Tomorrow will be dying.	明朝凋零空余枝。

此处提到的“花”是“玫瑰花蕾”（rosebuds）。——译者注

2 比如，汉娜·威尔克（Hannah Wilke）于20世纪70年代创作的雕塑。

当然，在爱与性这个领域之外，玫瑰还有许多其他的联想。它一直是皇家的徽章，它还是国花。它代表基督教的仁爱之心，象征生命之短暂，蕴含幸福的希望；当一切“顺心如意”[1]，便是幸福莅临之时。世俗的和精神的玫瑰常常互相交织。例如：在波斯人和土耳其人的“夜莺与玫瑰”的故事里，世俗和精神合二为一；在但丁的史诗《神曲》中，朝圣者在追寻佛罗伦萨女子贝雅特丽齐（Beatrice）的过程中找到了神。在伊斯兰教的一些故事里，先知穆罕默德是通过玫瑰表达思想的；伊斯兰教苏菲派诗人鲁米（Rumi）说，先知馨香的汗珠落在土里，散发着香气。与神秘的玫瑰有关的故事后来向东传播到印度，向西流传到欧洲。莱纳·玛利亚·里尔克（Rainer Maria Rilke）无休止地撰写玫瑰的浪漫故事和玫瑰的“预见能力”；随笔作家威廉·加斯（William Gass）曾说，玫瑰攀爬生长，贯穿里尔克的一生，“俨然他是她们的攀援架”。因此，里尔克不可避免地依靠玫瑰向他未来的妻子克拉拉·维斯特霍夫（Clara Westhoff）求爱。里尔克专门为她发明一种“新的爱抚方式”：“轻轻地把一朵玫瑰放在一只闭着的眼睛上，直到眼睛感受不到玫瑰的清凉。”当然，这有些神秘，但很有诱惑力。

在希腊传统里，玫瑰与酒神狄俄尼索斯、爱神厄洛斯、

---

1 英语习语“everything will come up roses”意思是“一切顺心如意”，短语中有“玫瑰”（roses）一词。——译者注

美貌女神阿芙罗狄忒有盘根错节的联系，因此浪漫的故事、美酒和玫瑰结下永恒的联系，也就是说，人要在“铺满玫瑰的床”上享受美好生活。因为阿芙罗狄忒是诱惑女神，她是交际花和妓女的守护神，有些妓女也是卖花女。“你拥有玫瑰就拥有了玫瑰的魅力，”诡辩家狄俄尼索斯说，“可是你卖的是什么？你自己？玫瑰？还是两者都卖？”古罗马诗人奥维德叮嘱“站街女孩”在4月的美酒节向女神维纳斯献花，因为“许诺多的女人，维纳斯给她的收入也多”。许多文化都把玫瑰与妓女联系起来。在伊丽莎白时代的英国，人们常常把召妓描写成“摘玫瑰花”——有些城镇为了提供嫖妓的场所

印度西孟加拉邦的一幅水彩画：
手持玫瑰花的恋人（男人与妓女）

而专设一条玫瑰街。“摘玫瑰花”也是女性撒尿的委婉语，这有点令人费解；乔纳森·斯威夫特（Jonathan Swift）描写了一个“羞怯的女孩”躲在一丛玫瑰后面撒尿。

色情或淫秽幽默中使用的比喻和医学参考书中使用的幽默有很多重合。《助产士手册》（*The Midwives Book*，1671）是对女性生殖一事的首次描述。英国女作家简·夏普（Jane Sharp）在书中主要使用花朵尤其是玫瑰花来解释女性生殖。例如，月经是“花朵”，尔后，“果实如期而至”；夏普把处女膜的破裂比作“须状花瓣摘除后半开的玫瑰花”，以此解释“童贞的失去”。这种语言在《助产士手册》中与处女膜准确的解剖学描述

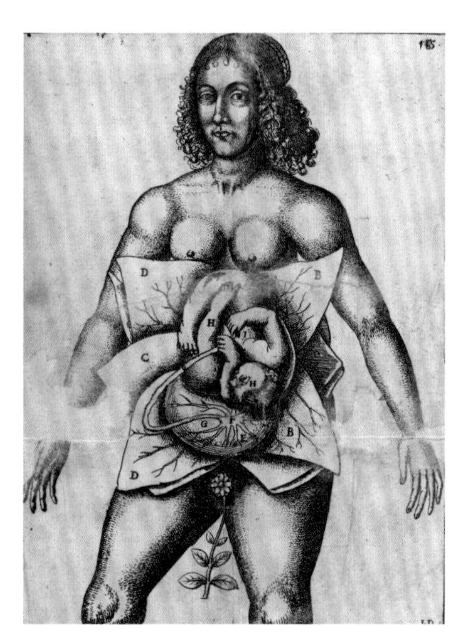

孕妇的子宫示意图，源自《助产士手册》，
又名《所有已知的助产术》（1671）

（“柔韧的薄膜”）同时存在，着实神奇。夏普使用的示意图同样结合了科学和象征手法。一位孕妇妊娠后期的子宫在一幅示意图里就像一朵完全绽放的花，而她的外阴则用另外一朵花呈现（更精确地说，是巧妙地隐藏起来）。

每一朵花都是性器官的集锦，花朵之美在于植物以千万种复杂的方式吸引传粉媒介让自己繁殖。玫瑰有特别的生理特征（颜色、质地和形状），似乎能激起人的性欲。单瓣花（有五个花瓣）的种类就有此类特征，但是，毫无疑问，玫瑰花经过几千年的培育，产生了复杂的“双瓣”花，使花朵与女人的嘴唇、面颊、外阴愈加相像。因此，迈克尔·波伦（Michael Pollan）说，“我们永远无法确定是自然中的玫瑰，还是文化层面的玫瑰，玫瑰（自然）一直接受人工培育（文化），玫瑰的花朵（自然）被男人想象（文化）成女人的性器官（自然）”，当我们说起这些时，无法肯定我们说的是自然还是文化。

玫瑰花生命周期的各个阶段，也可以用于解释它因何在浪漫的故事和色情作品中发挥重要作用。在诗人埃德蒙·斯宾塞（Edmund Spenser）以及还有许多其他的作家的想象中，一切戏剧化的行动都是从闭合的花蕾那童贞的承诺开始，然后逐渐发展成完全的、馨香的激情的绽放：“看哪！你接下来再看，看她袒胸露体，一丝不挂，大胆，无所顾忌。”最后花瓣凋谢、遗落，这象征着爱与被爱者最终也衰亡、凋零。法国超现实主义者乔治·巴塔耶（Georges Bataille）用非常令人不快的方式将正在凋谢的玫瑰花比作“化妆过度的孀居老贵妇”，在花梗上“滑稽地死去”，而往日这花梗“似乎要将她们往云端托举”。巴塔耶遵循波德莱尔《恶之花》的传统，决意要污蔑玫瑰花粉红色的名誉，指出玫瑰花“可与诗歌、天使媲美的纯洁”很快就会衰减，露出雄蕊那一绺“龌龊的毛发”。在巴塔耶的笔下，玫瑰的浪漫故事成为一部悲喜剧，“从污秽到美好”，来回快速循环。

在巴塔耶《令人作呕的平庸》的故事里，玫瑰的刺不重要。但是，在基督教的传统里，刺总是扮演重要的角色，基督教的叙事一直朝向那朵无刺的玫瑰玛利亚。刺是折磨人的工具，它留下的血淋淋的伤口，被神圣的恩典转化为美丽的花朵。刺代表屈辱，基督信仰将人们从屈辱中拯救出来。唯物主义者则认为，这种屈辱就是我们必然面对、无法逃脱的。因此，玫瑰是神迹之花，也是殉道者之花——这个主题在伊斯兰教和基督教的文献里贯穿始终，而且，社会主义也使用玫瑰的现代世俗的形式作为自身的象征（有关政治上的殉难者，更多信息可见与玫瑰匹敌的花朵——红色康乃馨）。

玫瑰有刺，还特别易于遭霉病、黑斑病、锈病、枯枝病（canker）的侵袭。此外，真菌感染若不及时救治，会在

玫瑰主茎上形成黑色斑块，最终扼杀整棵植物。中世纪时，“canker”指的是一种蠋或其他寄生于植物内部、破坏植物的昆虫幼虫。到了17世纪，这个词开始指代任何以这种方式进行破坏活动的行动者，尤其是美丽的事物遭到破坏的情况。“可恶的蛀虫也要在娇蕾里生长。”莎士比亚不无遗憾地说道。“canker”和“chancre”这两个词有共同的拉丁语词根“*cancer*”，即“crab”（阴虱病）；“chancre”（下疳）一词用于描述梅毒最初的皮肤病变——红色溃疡。人人知道下疳是性传播疾病，人们又根据下疳症状的颜色和形状把它比作一朵玫瑰。这种联想出现在15世纪末期从那不勒斯开始传播的梅毒流行期间，很多人将其归罪于从美洲大陆归来的哥伦布。因此，有人也称梅毒为“那不勒斯的一朵红玫瑰”。

性传播疾病和玫瑰花之间的联想历久不衰。在18、19世纪，人们有时称淋病为“性爱玫瑰”。我们不知道那是不是威廉·布莱克（William Blake）在诗集《经验之歌》（*Songs of Experience*）中想象的“病玫瑰”。人们对爬进玫瑰“红色快乐”之床的“看不见的蛀虫”有各种解读，梅毒和淋病肯定在其中。在20世纪60年代末，越南的妇女担心美国士兵将“西贡玫瑰”（淋病）——“最多刺的玫瑰”——传染给她们。

这悠久的历史使玫瑰成为疾病防控运动中一个随时可用的符号，在艾滋病传播的顶峰时期尤为如此。在中国香港，“关怀艾滋”（AIDS Concern）组织的诊所里张贴海报，直言不讳地告诉病人：“你应当为自己感到自豪。你染上的是‘越南玫瑰’。

请戴安全套，因为下次你不会如此幸运。”在德国，名为“请参与”（*Mach Mit*）的全国信息运动也推出同样的信息：他们将安全套卷成一朵玫瑰花的形状，信息的第一句源自歌德的诗《野玫瑰》（*Heidenröslein*，曾经有个男孩……）。这首诗选得恰到好处，因为整首诗都在描写性诱惑和危险。当男孩宣告说，他要摘下这朵小小的荒原玫瑰时，这棵植物回答说，她会刺伤他，让他永远不会忘记她。但是，男孩不听警告，在这里可以用类比说明艾滋病病毒的传播是最后的结果。然而，在这首诗里，痛苦的是刺人的玫瑰花，而摘玫瑰的男孩似乎安然无恙。

一个红色安全套取代了玫瑰花朵。这是20世纪90年代，马塞尔·科文巴赫（Marcel Kolvenbach）和吉多·迈耶（Guido Meyer）为德国的“请参与”运动设计的海报，呼吁人们使用安全套，防止艾滋病病毒的传播

玫瑰的象征意义有时也让人厌倦。

美国诗人威廉·卡洛斯·威廉斯（William Carlos Williams）1922年写道："玫瑰已经过时了。"他说，长久以来，"玫瑰背负爱的重担"，但是，现在，"爱就是玫瑰的终结"。我们应当抛弃所有老掉牙的词汇和观点，好好观赏这朵花本身。格特鲁德·斯泰因（Gertrude Stein）认为，我们应当说的只有一句话："玫瑰是玫瑰，就是玫瑰。"她认为"在一百年来的英语诗歌里"，她用这种方式"首次"使玫瑰成为红玫瑰。玫瑰又变成了红色，人们重新解读它。然而，人们将现代意义赋予玫瑰，这并非意味着放弃诗人巧妙的比喻，只是翻新这种别出心裁的技艺而已。

真正刺激现代（先不要说现代主义）情感的是维多利亚时期人们多愁善感的传统。19世纪是伟大的花朵时代：有花展和园艺协会，有鲜花和干花，有花束，还有别在纽孔上的花，服装、窗帘、壁纸、碗盘上的印花，女孩的名字有黛西（Daisy，雏菊）、莉莉（Lily，百合）、艾丽斯（Iris，鸢尾）、维奥莉特（Violet，紫罗兰），还有罗丝（Rose，玫瑰）。19世纪是玫瑰花的诗歌时代，诗中的"男人"等待面颊如玫瑰、嘴唇如玫瑰的"女士""答应"男士的"请求"；[1] 描写花朵的词汇冗长，红玫瑰、深红玫瑰、有叶的和无叶的玫瑰花蕾，绽放一个花蕾的和绽放两个花蕾的玫瑰、昂扬向上生长的或

1 比如丁尼生诗中的莫德（Maud）。

俯身向下低眉顺眼的，千姿百态，其微妙差别均得以呈现。一切都要烟消云散。满载沉重象征意义的玫瑰花如同印度的印花棉布、家具上的装饰小垫、椅背罩布、会客室里沾满尘土的蕨类植物，现在就是一种尴尬，一个累赘。

弗吉尼亚·伍尔夫坚定地表明，她要和维多利亚时期的"前辈""一刀两断"，这在一定程度上意味着她认可玫瑰花"自给自足"的本色。她回忆道，玫瑰花长久以来"象征激情、装点节日、摆在死者的枕头上（仿佛它们懂得悲伤）"，这简直太诡谲了。伍尔夫许下誓言，要真正地"研究玫瑰花"，观察"它在世间的一个下午如何静谧、安稳、悄然生长"。然而，象征主义很快逡巡而归，它不再具有维多利亚时代的风格，而是现代风格，但它依然是象征主义。伍尔夫的玫瑰不只是静谧地自处，它更像布鲁姆斯伯里文化圈[1]真正的成员那样，"以完美的尊严、泰然自若的仪态"高高地立着，毫无瑕疵。

当然，对女人和玫瑰来说，有多种方式可使自己有别于传统。具有讽刺意味的是，玫瑰中最具现代特征的杂交茶香月季（hybrid tea）是最遭人鄙视的。迈克尔·波伦说，第一株杂交茶香月季是1867年培育的，同年，英国《第二次改革

---

1 布鲁姆斯伯里文化圈（the Bloomsbury set）是指20世纪初期经常在伦敦布鲁姆斯伯里聚会、举办文艺活动的艺术家和作家。他们鄙视维多利亚时代的观点，崇尚艺术、友谊和社会进步。著名的成员有弗吉尼亚·伍尔夫、梅纳德·凯恩斯（Maynard Keynes）、E.M.福斯特（E.M. Forster）等。——译者注

法案》让中产阶层的男人有了选举权，这个巧合很奇妙。布鲁姆斯伯里文化圈的成员认为，叶子光洁、植株不易患病的杂交茶香月季可能“像时髦的女士一样整洁、优雅、有学养、百依百顺”，这恰好又把它变成了中产阶层无聊的品味。像伍尔夫的情人薇塔·萨克维尔–韦斯特（Vita Sackville- West）这样“有敏锐鉴赏力的”园丁，会认为杂交茶香月季“鲜亮得使人厌腻”，固然是玫瑰，但和花坛植物天竺葵并无二致。

人们重返传统，再次种植古典玫瑰（Old Roses）时，发现其中蕴含更高级的现代性。这些古典玫瑰就是最早期花园内种植的法国蔷薇（Gallicas）、大马士革蔷薇（Damask），还有18世纪和19世纪初培育的一年一度开花、花香浓郁的大植株蔓生玫瑰，比如，百叶蔷薇（Centifolia）、宫廷蔷薇（Bourbon）以及苔藓玫瑰（Moss Rose）。在马勒梅松城堡约瑟芬皇后（Empress Joséphine）的花园里，这些玫瑰都是最璀璨的花朵。这些“奢华、迷人”的花朵令萨克维尔·韦斯特万分陶醉。这些花朵和她一样，有贵族气质和波希米亚风情：它们“倾尽所有活力、随心所欲、无拘无束地表达自己”。毋庸置疑，“并非每个人在小花园里都有空间种植这样的玫瑰”。

伍尔夫将两种玫瑰的差异（性情不同而不是阶层有差异）投射到她笔下的两个著名的人物身上——达洛维先生（理查德）和达洛维夫人（克拉丽莎）。“他无法开口说爱她，无法用许多语言表达自己的爱”，因此理查德从花卉商那里购买“一大束”

红白相间的玫瑰（杂交茶香月季）送给克拉丽莎。他成功表达了自己的爱，但是他选择的花朵、送花的方式说明他是一个墨守成规、沉闷的男人。若将他“送花的方式”与克拉丽莎的初恋萨莉·西顿的送花方式进行比较，他的无聊与沉闷则更突出。萨莉不会购买浪漫的信物，她只是披着月光在围墙内的乡间花园里闲逛，以欢快、“放纵”的心情采摘古典玫瑰。当“萨莉停下脚步、采摘一朵花放在唇边亲吻时”，克拉丽莎感到这是她一生中“最快乐的瞬间”。

现代生活的问题，就是如何摆脱生活的过分文明带来的不适，至少D.H.劳伦斯是这样判断的。劳伦斯认为，现代生活的问题就是如何不再是神经过敏的玫瑰，不再是“无法绽放、一直紧张不安的玫瑰”，而是回归花园、享受原始本能的

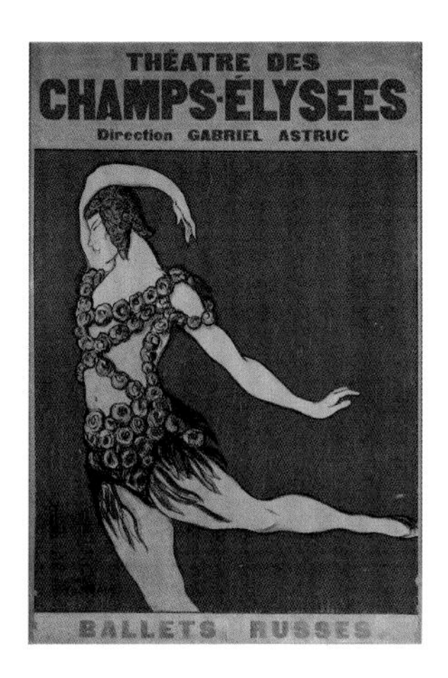

让·科克多（Jean Cocteau）为俄罗斯芭蕾舞团（Ballets Russes）设计的海报，以玫瑰花瓣为服饰的瓦斯拉夫·尼金斯基（Vaslav Nijinsky）扮演他在《玫瑰花魂》（*LeSpectre de la Rose*）中的角色

狂喜。这就意味着要像格特鲁德·斯泰因那样，认可一朵玫瑰可以“爱抚”另外一朵——“一朵冰凉的红玫瑰和一朵粉玫瑰，爱抚与交融，瘫软，化为圆满的整体，不再灼热”。还有另一种情形：正如明显雌雄同体的瓦斯拉夫·尼金斯基在《玫瑰花魂》中所表演的那样，一朵玫瑰甚至会自我爱抚。

也许，爱不是“玫瑰的终点”。这朵花可能带刺，手指触碰后引发溃疡；它也许已过时，变得陈腐，让人厌弃。有人用玫瑰作为赠礼时，要表达的可能是渴望或者绝望。然而，这有什么不好吗？大多数人表达爱时都要借助自己能获得的所有手段。花店的一个花束、一包玫瑰香味的土耳其软糖，抑或聊天时使用的玫瑰表情符号。倘若这些手段有效，当然皆大欢喜。最后，我想把浪漫的敬意献给让·热内（Jean Genet）。

让·热内成长在天主教的氛围中，笃信“玫瑰的奇迹”，痛苦通过想象化身为美。热内看见折断的手指甲，就“想到一朵黑色的花”；杀人犯戴着手铐走过来，手铐瞬间化作白玫瑰花环；肮脏邋遢的囚犯身上“混浊的气味”，瞬间让他看见“玫瑰绽放的、圣洁的花园”。热内执导的唯一一部电影《情歌恋曲》（*Un Chant d’Amour*, 1950）和他的许多作品一样，背景设在监狱内。他探讨遭禁闭的男人如何竭尽全力与他人交流。他们做一切自己能做的事，一个囚犯在囚室的墙上发现一个小洞，塞进一根禾秆，抽烟时用禾秆吐气，让隔壁的囚犯吸入烟雾。然而，电影反复聚焦于爱的真正的媒介，那是一个囚犯系在一段细绳上的一束花，他从窗口伸出手，将这束花向对方荡去。花束在两间囚室之间的墙壁上来回摆动。我们看不到这两个男人，只见他们各自的手臂从囚室的窗口向对方伸去。系花束的细绳太短，另一个男人的手难以抓到它，但是，就在最后，在电影即将结束的几秒里，右边的手臂成功抓住了花朵。爱之歌圆满了。

用花朵交流。《爱之歌》（让·热内，1950年）

莲 花

莲花是一个奇迹。莲花出污泥而不染，纯洁无瑕，其香浓郁，足以让死者复活。海员吃了莲子就忘记回家。这都是“莲花”行过的奇迹，但不是同一朵莲花。

本章主要讲述三种名字相同的开花植物：蓝睡莲（*Nymphaea caerulea*）是古埃及人崇拜并食用的开蓝色花的睡莲；莲花（*Nelumbo nucifera*）是印度及东南亚大部分地区都有的神圣（又有营养）的莲花；最后是枣莲（*Ziziphus lotus*），果实似枣，《荷马史诗》中的人物到了距离当今突尼斯的海岸不远的一处小岛上，“吃了莲子”忘记回家。前两种莲花在静止或缓缓流动的水里生长茂盛，第三种是希腊人所称的*lotos*（莲花）中的一种。希腊人称为*lotos*的植物，是陆地上生长的许多植物，还包括常年开花的豆科植物红花草、荨麻或“荷花”树，还有葫芦巴树。上述三种莲花在悠久的岁月中走过五湖四海，最终融合成一个万能的混合体。

首次混合出现在公元前500年，那时波斯人将开粉红色花朵的亚洲莲花（*Nelumbo nucifera*）引进埃及，取代当地白色和蓝色的睡莲。公元前5世纪，当希罗多德（Herodotus）造访埃及时，人们已经把莲花视为土生土长的植物；在描绘尼罗河两岸花卉及动植物群的罗马镶嵌画里，莲花和睡莲这两种植物自由混合、不分你我。庞贝古城就留存着这样一幅令人叹为观止的罗马镶嵌画：水中是各个生命阶段的粉红莲花，有正开花的，有结出果实的，千姿百态、栩栩如生（甚至有一只鸭子嘴里衔着一支莲花）；画面前景中的青蛙却栖息在土生的蓝睡莲漂浮的叶上。

蓝睡莲对于埃及人的宇宙哲学、礼仪和艺术至关重要。埃及文化的根基是太阳神话，即出生、死亡、重生的轮回。在埃及人看来，蓝睡莲这种植物最重要的特征是，它在清晨

露出水面，傲然盛开，而在黄昏时关闭花瓣，萎靡不振。第二天，花朵又昂首盛开。如此循环往复。当然，这样描述多了几分诗意的渲染。事实上，花瓣需要两三天的时间方可露出水面，时机成熟，就在清晨怒放，在下午时间过半时关闭花瓣，夜间不会浸没水中。

埃及人认为莲花是最古老的花，太阳最初是从莲花中升起的（生命也因此在莲花中诞生）。在一个创世传说中，太阳神（Ra）被囚禁在子宫形状的莲花花苞里，花朵盛开时，太阳神从莲花中升起。在另一个创世传说里，花朵盛开，一个圣甲虫（金龟子）化身为哭泣的男孩，人类从男孩的眼泪中诞生。在“阿尼纸莎草”（Ani Papyrus）即《死亡之书》（*The Book of the Dead*）里，莲花神涅斐尔图姆（Nefertum）每日起身，将生命的精华托至“太阳神的鼻孔”前。据说，用蓝睡莲制成的香水和油膏含有生命的精华，有助于死人复活。古埃及国王图坦卡蒙（Tutankhamun）的木乃伊用豪华的花朵项圈做装饰，其中就有莲花花瓣。在图坦卡蒙墓穴入口处的一幅小型版画中，孩童时的国王从花朵中站起来。

并非一切都有象征意义。蓝睡莲和夜间开花的白莲花都含有生物碱——荷叶碱和阿扑吗啡，这意味着有人可能把这些莲花用作例行的催吐剂或温和的致幻剂；大西洋沿岸的玛雅人也出于同一目的使用美洲白睡莲（*Nymphaea ampla*）。（另见《万寿菊》）人们常常拿这些植物与罂粟、曼陀罗草一同讨论，而罂粟和曼陀罗草是有名的精神药物。蓝睡莲也出现在色情卡通

描绘尼罗河风景的罗马镶嵌画，源自庞贝古城的遗迹牧神之家，公元前120年

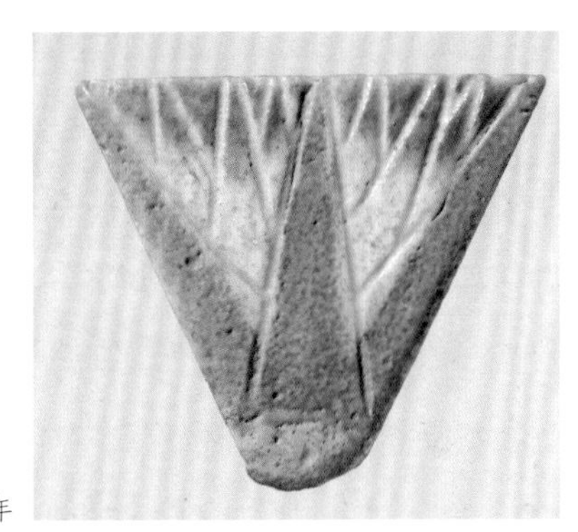

莲花镶嵌图，埃及，
公元前1353—前1336年

画里，暗示它可用作催情剂。如今，医生治疗勃起功能障碍的方案里有阿扑吗啡，这可以支持蓝睡莲做催情剂的说法。

另一种联想与地域有关：蓝睡莲是上埃及（埃及南部）的花朵，纸莎草是尼罗河三角洲的花朵，两株植物互相缠绕代表两个王国的统一。流向尼罗河的浅水道里出现了莲花，这意味着三角洲每年的洪涝造就了生命的重生。事实上，这就是一个“简单的补水”过程：5月种子发芽时恰逢洪水开

始涌来，洪水逐渐泛滥，8月水位最高时也是莲花怒放之时。因此，莲花颇似冥神俄赛里斯和生育女神伊希斯[1]，象征繁殖与重生。同时，莲花也有实际的用途：莲子磨碎成粉，可做面包；作为根茎的莲藕可做水果——希罗多德认为这种水果“相当甜蜜”。

然而，这一切无法阻止亚洲莲花取而代之。亚洲莲花硕大的粉红花朵在水面上一米之外的地方傲然绽放，蔚为壮观，白睡莲与蓝睡莲无法与之媲美。亚洲莲花的生长习性非常契合生育、重生的主题，其叶葳蕤，花朵生机勃勃，果实口味更佳。泰奥弗拉斯托斯[2]称莲子为埃及之豆。今天，在整个东南亚地区，莲花是一种农作物——中国就有将近50万英亩的荷塘。莲子磨成粉，可做面条、熬粥或糊状食物；烘烤后可做咖啡替代品；（像爆米花那样）爆成膨化食品，可作为零食；花朵可以做花茶；嫩藕秆可做沙拉或者作为蔬菜烹饪；荷叶可包裹其他食物，也可制成茶。不过，在大多数情况下，人们种植莲花是为了收获它体积庞大、富含淀粉的根茎——莲藕。莲藕可磨碎制成淀粉，但是，大多数的莲藕都切成圆

---

1 据古埃及的神话，俄赛里斯（Osiris）遭兄弟赛特（Seth）杀害之后，伊希斯（Isis）寻回他的尸骨，为其哀悼，给予他新的生命，使其成为冥府的统治者。伊希斯和俄赛里斯育有一子何露斯（Horus），长大后为父报仇。伊希斯法力强大，人们膜拜她，视其为保护神；俄赛里斯也代表赐予万物生命的力量。——译者注

2 泰奥弗拉斯托斯（Theophrastus, 公元前370—287）是古希腊哲学家和科学家，在植物学和逻辑学领域有很深的造诣，著有《植物研究》（*Enquiry into Plants*）和《品格论》（*On MoralCharacters*）。——译者注

片，可以腌制、油炸，加上填充食物后烹饪，还可以与其他食物一起做炖菜或熬汤。亚洲莲花的近亲美洲黄莲（*Nelumbo lutea*）在中美和南美被土著居民给予类似待遇。同一种植物，既用于精神崇拜，又用于为身体提供营养，丝毫没有冲突。

莲花是印度的国花，也是印度最古老的宗教、文化符号。新德里有一座现代的、服务于多个宗教团体的巴哈伊莲花寺（Bahá'í Lotus Temple），寺庙的设计体现了莲花的宗教、文化意义。此外，圣莲花（The Sacred Lotus）在印度政治历史中也顺势发挥一些作用。1857年冬，印度爆发了一系列反殖民统治的起义运动[1]，策划者将信息藏在薄煎饼里，用一支莲花或一片莲叶作为暗号在印度兵团里传递。

我们常看到，佛陀及其门徒还有印度教的诸神静立或端坐于莲花中，这样的形象说明，他们像莲花一样，走出生存的泥淖，去迎接神圣之光。印度教的主神毗湿奴也称帕德马纳巴（Padmanabha），肚脐处有一朵莲花，暗指创造之神梵天（Brahma）诞生于毗湿奴肚脐处的这朵莲花。最古老的梵语曼特罗就是六字大明咒（*Om mani padme hum*，音译“唵嘛

1 英国人称之为“印度兵变”（the Indian Mutiny）。

毗湿奴和拉克希米坐在莲花上。19世纪早期北印度的图画

呢叭咪吽”)，通常阐释为“莲花中的宝石”；生命之源也是通过这串符咒唤起的。这似乎暗指完全绽放的莲花，它露出金黄色的豆荚，包含雌性的柱头，最后露出莲子；顶着黄色花药的雄蕊，多层、环状，围绕雌性柱头。

莲花最先与印度教的女神拉克希米（Lakshmi）产生联系。拉克希米是代表吉祥和美貌的女神，她的另一个名字帕德玛（Padma）意思就是“莲花”，描述女神拉克希米的许多词语都把她和莲花联系起来。在古老的爱情诗里，美丽的女人效仿拉克希米，以莲花装饰头发，最终她们眼睛、表情、大腿都有了莲花的样子。诗人有时延伸比喻，把传粉蕴含其中。在一首诗里，一个女人羞红了脸，面若莲花，“它的芳香惹来一群蜜蜂，它们兴奋地包围它”。在另一首诗里，蜜蜂化为黑色的奶头，栖息在她莲花的胸脯上。还有一首诗歌使用另类比喻，描绘一位正在磨面粉的情人的乳房：“她的面庞如莲花投下阴影”，她的双乳被面粉妆扮，似“两只白鹅立在阴影里”。一位经历感情欺骗的女子“在孤独中憔悴”，把自己比作“甲虫啮噬过的”睡莲。

如果莲花中的宝石直接唤起生育能力，令诸神诞生，从比喻意义上看，它也象征精神觉醒的圆满。这个主题在佛教中尤为重要。佛教于公元前6世纪起源于印度东部，之后流传到中国、日本和东南亚其他处处是莲花的国家。莲花另外还有两个得到普遍认可的品质：第一，多刺的花茎伸出水面一米多高，人们由此认为，它象征人的精神升华，可以远远超越尘世的出身。当然，所有植物都扎根于土壤而后向空中生长，均可代表这个主题。莲花有其非凡之处，它出于淤泥却被淤泥“洁净”了。这个观点最先出现在《薄伽梵歌》

（*Bhagavad Gita*）里，用以表达“不执”（nonattachment）这一哲学思想。佛陀悉达多·乔达摩（Siddhārtha Gautama）对弟子如此解释：

> 一朵莲花，无论是蓝色、红色还是白色，虽生于水中，出水时水已将其洁净；同理，……一个觉悟的人（*Tathāgata*），虽生于俗世，却已克服俗世，已被俗世洁净了。

“莲花出淤泥而不染”，这一观念在光阴荏苒中向遥远的国度传播。1854年，在马萨诸塞州的康科德，饱读印度教、佛教书籍的亨利·戴维·梭罗用这一思想描绘他在瓦尔登湖附近的浅水塘里发现的白花睡莲（*Nymphaea odorata*）。他极爱这种植物，他每年初次看见这“水域的女王”“我们的莲花”，都兴高采烈地在日记里记录。1854年7月4日，他登上演讲台，向马萨诸塞州反奴隶制协会的成员发表演说，清晰地表达了白花睡莲的美德。

那是愤怒、绝望的一天。废奴主义者威廉·劳埃德·加里森（William Lloyd Garrison）当场烧毁一份印着《美国宪法》的文件；另一个废奴主义者索杰纳·特鲁斯（Sojourner Truth）提醒众人：“残酷压迫黑人的白人们，他们终将受上帝的审判。”梭罗明确地说，自己的思想“不由自主地要对抗这个州，因此不受本州的欢迎”。他们的言辞没有指向奴隶制的残酷性，而是抨击1850年《逃亡奴隶法案》（Fugitive Slave

Act）如何将这些残酷行为带回马萨诸塞州。该法案允许奴隶主在没有逮捕令的情况下逮捕可疑的逃亡者，逃亡奴隶无权申请陪审团审案，甚至无权代表自己进行举证。任何帮助奴隶逃亡的人（梭罗就做过此事）也将面临严重的惩罚。1854年6月，逃亡的奴隶安东尼·伯恩斯（Anthony Burns）从波士顿的法庭戴着镣铐被人押回弗吉尼亚州，再度为奴。这件事造成无法挽回的影响。

梭罗演讲时，一直义愤填膺、痛苦不已："我无法让自己相信，我不是生活在地狱里。"演讲即将结束时，他描述自己曾到本地一处湖边散步时，闻到一株白色睡莲的芳香。美国的睡莲如同印度的莲花，将希望赐予人，"纯洁与甜蜜居于大地的污泥中，又能出污泥而不染"。梭罗坚持说，每个个体，若能"认识高于《宪法》的律例"，他可能已经从奴隶制和政治的"臭粪"中站起身来。

50年后，小说家约瑟夫·康拉德运用这一意象揭露欧洲人在非洲实施殖民主义的污浊本质。《黑暗的心》（*Heart of Darkness*）是康拉德于1899年出版的小说，主人公马洛（Marlow）经历了人性最恶劣的"污泥"。马洛的故事是从泰晤士河河口停泊的一艘帆船上开始讲述的。马洛"面孔发黄"，"一副苦行僧的模样"。当他微抬双手、掌心外翻时，活脱脱像"身穿西装讲经的佛陀，只是缺了一座莲花台"。从多方面看，这个形象都具有神秘色彩，但是，更引人入胜的是康拉德坚持让莲花缺席。马洛也许令人想起帕德玛帕

尼（Padmapani），即手握莲花、追求智慧又普渡众生的慈悲的菩萨（Bodhisattva）。但是，马洛在通往涅槃的路上还是落后了一步。尽管他的姿势（莲花姿势）颇似冥想中的佛陀，他从刚果到泰晤士河这段航程是从“人世间极度黑暗的地方到另一个地方”的一次行程。马洛在尘世的经历并没有将他“洁净”。

莲花究竟是如何自我洁净的，这一奥秘持续了几千年。20世纪70年代，德国科学家威廉·巴特洛特（Wilhelm Barthlott）才使“莲花效应”水落石出。巴特洛特比较了340种不同植物的叶子如何疏水、抵御灰尘颗粒以及真菌孢子等病原体的侵袭。在许多情况下，叶子上的灰尘在水冲刷之后依旧附着在叶子上，但是，在有些情况下，水能带走叶子表面上的灰尘颗粒。柔毛羽衣草、旱金莲和仙人果在这方面表现优异，但是最好的自我洁净者是莲叶。巴特洛特认为，这是因为莲叶表面布满微型乳突，乳突上又有许多蜡状突起，使莲叶表面形成排斥性。1998年，他申请了“莲花效应”这一名词的专利，开始与生产商合作开发具有莲叶特性的油漆、纤维和玻璃。

巴特洛特指望东南亚的圣莲花来解决欧洲的问题，和他有同样指望的人比比皆是。欧美人一向迷恋莲花以及与莲花有关的文化。诚然，现代莲花混为一谈，这种混淆与文化的融合有关。这里几株埃及莲花，那里几株日本莲花，另一处有几株古典的枣莲，还有形形色色的土生睡莲，莲花在尘世有极强的繁殖力和多样性。

有些欧美作家对“东方”的任何一个方面都感兴趣，18、19世纪大多数欧美作家均如此。他们认为莲花具有诱人的异域风情，经常会煽动情欲。拿破仑远征埃及和后来苏伊士运河的疏浚，把埃及的莲花带入公众视野。自此以后，从餐桌服务到服饰的胸针，埃及莲花主题在生活的诸多方面受人欢迎。1922年，图坦卡蒙坟墓的发掘掀起彻头彻尾的“埃及热潮”。欧美人痴迷于中国装饰风格，之后又掀起日本艺术风潮，这进一步强化了人们对莲花的痴狂。尽管有学者试图精确阐释莲花的历史和“法则”，但普通人并不介意所说的植物是睡莲还是莲花。从19世纪末开始，欧洲的暖房和花园种满了莲花的杂交品种。最受人喜爱的是园艺学家约瑟夫·博里·拉图尔-马利耶克（Joseph Bory Latour-Marliac）培育的睡莲。他将颜色鲜亮的热带睡莲与耐寒的欧洲和北美睡莲品种进行杂交培育。他的一个客户——画家克劳德·莫奈（Claude Monet）——热衷于在自己的新水景花园里种上这种睡莲。有些人即使对园艺不甚感兴趣，新艺术运动（Art Nouveau）也会让他们在格拉塞的壁纸、拉利克

20世纪初蒂凡尼工作室（纽约）用含铅玻璃和铜为原料设计制作的“睡莲”台灯

的项链以及蒂凡尼的台灯等新艺术作品中看到莲花和睡莲，并由衷地喜爱。

19世纪末风靡的奢侈品消费与“不执”或“出世”无关，它与莲花的另一个版本相吻合:《荷马史诗》中的食莲族（*lotophagi*）让奥德修斯的随从食用的那种“甜蜜美味的果

实”。食莲族与用麻醉药毒害水手的女巫喀耳刻（Circe）（见《雪滴花》）不同，他们友好、慷慨。然而，奥德修斯此次登上食莲族的小岛，后果是相同的：水手们头脑变得迟钝，意志消沉，“他们只想待在那里吃莲子”。因此，奥德修斯就像戒毒所的专业咨询师，只好实施紧急干预，将他们拖到船上去。

在19世纪，当工作与闲散（或休闲）这个话题的讨论进入白热化状态时，“食莲”一词超越水果消费的范畴，指那些借各种理由“无所事事、安逸”度日之人[1]。1832年，丁尼生不以为然地提到那些“在踌躇中浪费生命”的“食莲者”（他们是真正的浪漫主义的瘾君子）。1847年，《笨拙》杂志用这个转义词语，讽刺“唐宁街的食莲人”，说他们“粗心大意，甚至全然忘记国家的需求和苦难”。

后来，詹姆斯·乔伊斯（James Joyce）在《尤利西斯》（*Ulysses*）中论及“食莲”一事，这个主题最终获得了较为平衡的观点。利奥波德·布鲁姆（Leopold Bloom）在都柏林的大街上游荡，他周围全是等同于莲子的人和事物：鸦片酊、“春药”、安眠药、“止痛的罂粟糖浆”、烟、酒、茶、香水、鲜花、歌曲、电影、钱、日光、赌马，还有“长鼻子罩着笼头的”无忧无虑的马匹；还有天主教徒，他们闭目张口领取“麻醉人的”圣餐或者喝源自圣地鲁尔德的“健忘水”；在招

1 参见牛津英语词典的对“lotus-eater”（食莲者）的定义。

募士兵的海报上，士兵身穿红色军服，陶醉的模样“仿佛接受了催眠术”。

然而，布鲁姆不打算像奥德修斯那样进行干预。他也许把自己想象成都柏林“清醒的”步行者，但是，这座城市很快就显而易见地成为他的莲花，一个理想的避难所，让他逃离对道德、性背叛的反反复复的思考。“一定是一个美妙的地方：这世界的花园，这懒洋洋的大叶子，你可以躺在上面漂游……整日无所事事……这些睡莲。”《尤利西斯》第五章结束时，布鲁姆正计划去享受当地的土耳其浴室，他想象着自己躺在温水里，他的阴茎变成“一朵懒洋洋漂浮的花朵”。如果我们再换一种植物，它可能就不是人们预料中的圣莲花了——这一株昂首蓬勃向上的植物象征性欲或哲学的超越。T.S.艾略特曾说，莲花最基本的特质是，它“静悄悄、静悄悄地升起来”。布鲁姆可能想让水使自己那一簇蓬松的软毛从肚脐处漂浮起来，但是肚脐是最后洁净的地方。他体会到浮力着实是一个奇迹。

棉 花

出生于安提瓜岛的美籍小说家杰梅卡·金凯德有一天下午在伦敦邱园（Kew Gardens）的玻璃暖房参观时遇到了她见过的“最美丽的蜀葵花”。“这株蜀葵有着大喇叭形的黄色花瓣，是极美丽的黄色，是澄明的黄色，仿佛是‘黄颜色’在其历史的开端刚刚诞生时那般柔和。”金凯德也在自己的花园里种植了蜀葵花，她因此很纳闷，为什么她以前未曾见过这样独特的品种。她看了看植物的标签，意识到自己的错误：这不是蜀葵花，而是一种棉花（*Gossypium*, cotton）。金凯德

陆地棉（*Gossypium hirsutum*）水彩画，源自邱园（英国皇家植物园）
洛克斯伯格（Roxburgh）的收藏

混淆了两种植物，这情有可原，因为这两种植物都是锦葵科（Malvaceae）植物的成员。学习园艺的学生路过此地会不以为然，金凯德则认为没有那么简单。

“我浑身颤抖。”她写道。她猛然发现，当她凝视这株“完美无瑕、丝毫没有恶意的”植物时，她无法不审视这株植物在全球历史、在她祖先的历史，甚至在她自己的生活中曾经扮演过的“痛苦、恶毒的角色”。在金凯德的孩提时代，她在安提瓜岛曾经用一个夏天的时间帮助她妈妈的一个朋友抽宝贵的棉纱：“我记得我双手疼痛，我大拇指的根部尤其疼痛。”

金凯德的故事有多方位的含沙射影：邱园为大英帝国培育了一种重要的商品，它的作用举足轻重；在加勒比海地区和美国，非洲裔奴隶在种植园经济中有着惨痛的人生经历；远在工业化之前，棉花在家庭园艺中已颇为重要。然而，在本章的开始，我还是先回到这个植物本身，了解它如何从一朵美丽的花变成了一种商品。

棉花这个植物属类已有大约一两千万年的历史，有大约50个植物种类。人类为了获取覆盖在种子上的毛状粗纤维，在几千年前就开始培育4个种类的棉花：树棉（*G. arboreum*，在印度半岛）、草棉（*G. herbaceum*，在非洲）、

海岛棉（*G. barbadense*，在南美洲）和陆地棉（*G. hirsutum*，在中美洲）。原棉有多种用途，比如，亚利桑那州和新墨西哥州的霍皮族人用原棉覆盖死者面部，象征他们未来以“云人”的身份存在。然而，在大多数文化里，棉花的价值在于，其纤维从种子上抽离之后经纺织成为制衣、做家具甚至制造货币时使用的织物。棉花没有留下最持久的考古证据，但是，在亚洲、非洲和美洲已经找到棉线、棉织物和渔网。年代最久远的织物发现于巴基斯坦境内的印度河河谷，可追溯至5000年前。

棉花的种子发芽很快，幼苗形成五六周后，花蕾即“棉蕾”就出现了，三周后花开。开花过程快速、高效。花只开一天，传粉就在这一天内发生。熊蜂有时做传粉的工作，但是棉花花朵通常自我授粉。金凯德描绘那种淡淡的柠檬黄色花朵，说明她看见的是陆地棉，是有毛状纤维的棉花。它的花瓣在第二天就变成粉红色，再过一两天，花就落了。花开花逝，如此迅速，它成为美国南方一则儿童谜语最初的灵感：

首日白，次日红，
出生三日我死亡；
我的生命转瞬即逝，
我给国人穿了衣裳。

我们可以体会，这首童谣为实现夸张效果不惜大幅度牺牲准确性，描述的花开花落是加速度的，“转瞬即逝”的只是花瓣。第三天植物不仅不死，还夜以继日地繁殖下一代：花瓣脱落，露出果实——棉铃。棉铃在50到70天内成熟，最终开放，露出大约10个包裹在棉绒（细长的纤维细胞）内的棉籽。在没有人工相助的情况下，棉花帮助棉籽在风中自行传播。

棉绒干燥后，纤维逐渐呈螺旋状，收缩成扁而空心的带子，仿佛微型的卷曲的消防水管，纤维之间相互紧扣，很容易旋转成一条不断的线。此外，棉花纤维的结构充满微孔，这使棉织物透气、快速干燥。作为棉花主要成分的纤维，其长度也很重要。亚洲和非洲的棉花是短纤维品种，美国的棉花是长纤维品种。海岛棉的栽培品种就是有名的超长纤维棉，其纤维长度至少是34毫米才合乎标准。这是最豪华的棉花，它获得“海岛棉”这一称呼，是因为过去生长在南卡罗来纳州和佐治亚州的海岸区域。我们现在熟悉它，是因为其他地方已经开始培育这种棉花，比如，柔软光滑的埃及棉或皮马棉（Pima）。

然而，当今世界棉花作物有九成源自另外一种长纤维棉花种类（陆地棉）的栽培品种。它的棉铃更大，更易于采摘，对生长环境没有特别要求，比如，能经得起一定程度的霜冻。缺点是棉籽和棉纤维比较牢固地粘在一起。伊莱·惠特尼（Eli Whitney）想大规模种植陆地棉，这促使他发明了一种轧棉机，将棉籽从纤维中剥离出来。

“鞑靼植物羊”木版画，源自《约翰·曼德维尔爵士航海及旅行记》（1725年的版本）

在美国长纤维棉占领市场以前，世人最了解的棉花种类是短纤维非洲棉，尤其是短纤维亚洲棉。在19世纪，印度一直是世界上最主要的棉花生产国，它的产品远销世界各地。印度的平纹细布和廉价的印花粗棉布在公元700年左右就销售到了欧洲，自此以后，人们在相当长的时间内都认为棉布本身产自印度的一种植物。“植物羊”的传说在欧洲广泛流传，灵感可能来自希罗多德描述的一种野生树木，它会产出“比羊毛更美更优质的毛”。1350年，约翰·曼德维尔（John Mandeville）描述了一种“奇妙的树，枝头生长出小羊羔。树枝极柔韧，弯向地面，让羊羔饥饿时可以吃草”。这种奇思异想历久犹存，德语的“棉花”一词“*baumwolle*”，意思就是“树羊毛”（tree wool）。

17世纪时，东印度公司将这种来自遥远异国的织物带到英国，棉布被广泛使用，逐渐大众化。印度棉布印花漂亮，颜色多样，布料轻盈，可水洗，廉价。羊毛生产商及其支持者们很快起来反对。丹尼尔·笛福（Daniel Defoe）以抱怨的口吻说，平纹细布和印花棉布已经“溜进我们家里”，“我们的衣帽间、卧室、窗帘、靠垫、椅子、床垫，全是印花棉布和印度的玩意儿”。英国人为男性织布工的权利辩护，这意味着要打击“迷恋印花棉布”的女性内心的渴望。有人暗示，穿轻薄的平纹细布（“上了色的薄旧床单”）等于宣布自己是妓女。更糟糕的是，新风尚产生阶层混乱：若穷人和富人都穿同样“艳俗的华服”，谁能分清女主人和女佣呢？总之，“穿印花棉布的太太”就是“她自己国家的敌人”。

这样的骚动迫使英国和许多其他欧洲国家颁布禁令，禁止进口印花棉布。然而，这反而激发了需求量。当英国开始生产这种商品时（1780到1800年间，英国棉布的产量每年增长10%），棉布突然显得没有那么邪恶了。这不足为奇。1802年，英国棉布的出口量首次超过羊毛布料，印度（因主要受制于东印度公司）甚至成了英国的客户。西非对印花棉布的需求量也很大，经过特别设计的“几内亚布”这样的纺织品是购买奴隶时使用的主要商品。人们把买来的奴隶送到加勒比海地区的英国殖民地，送到美国，让他们在种植园种植甘蔗、烟草，最后让他们种植棉花，向曼彻斯特（又称“棉都”）附近的新工厂供应原棉。至少可以说，这是一种复杂的商业运作。

技术革新当然是英国纺织业发展的一个重要因素。在18世纪中晚期，从飞梭到蒸汽动力织布机等一系列发明，使纺织业发生了翻天覆地的变化。但是，生产只是故事的一部分。惠特尼的轧棉机解决了纤维脱离棉籽的这一问题，让人们能

够快速加工大量的陆地棉。然而，这些装备没有解决棉花在哪里种植、由谁来采摘这个问题。

在哪里种植棉花才能满足人们对棉花的需求量呢？美国那看似一望无垠的陆地给出了答案。[1] 为了创建新的种植园，美国人驱赶土著居民，将森林改造成农场。到了1850年，美国67%的种植棉花的土地在50年前尚不是它的领土。

机器也许能使棉花的加工和纺织难度降低、效率提高，但是，棉花的机械化采摘方式到20世纪60年代中期才引进。在这之前，收获一包（500磅）棉花需要600个小时的艰苦人工劳动。这种繁重的劳动是奴隶付出的。在1808年世界贩奴行为终结之前，已经有大约20万的奴隶被从非洲贩卖到美国新的种植园，还有100多万奴隶被从原先种植烟草的弗吉尼亚州、马里兰州和肯塔基州运往南方。

毫无疑问，英国的纺织业及其工业化主要依赖美国征用的土地和奴隶的劳动。

棉花的花朵仅开放三日，但是照料这株植物需要将近一年的劳动。所罗门·诺瑟普（Solomon Northup）曾经淋漓尽致地描述了在南方一个种植园里发生的故事。诺瑟普一出生即为自由的非洲裔美国人，他生活在纽约，却不幸遭到绑架，

1 1803年的路易斯安那购置地（Louisiana Purchase）是美国从法国人那里购买的一片土地，它使美国领土增加了一倍；1819年，美国与西班牙签约购得佛罗里达；1845年，得克萨斯也并入美国版图。

拉马尔·贝克（Lamar Baker）的平版印刷画《被奴役的植物》（1939）。这个意象揭示了棉花与为奴的非洲裔美国人之间的联系，也让人意识到，早在20世纪初，土地本身也因这棵植物遭到了奴役

被卖到路易斯安那州，沦为奴隶。为了说服那些“从未亲眼目睹棉花田”的人们，请求他们支持废奴事业，诺瑟普撰写了传记体小说《为奴十二年》（*Twelve Years a Slave*，1853）。

每年3月，路易斯安那州的棉花田开始耕种，田间的劳作自此开始。种子发芽一周左右便开始精细除草、“刮地皮”的松土过程，这包括除去杂草、为每条棉花垄塑形、剔除弱苗。诺瑟普写道，“监工或工头骑在马背上手拿皮鞭”自始至终“跟着奴隶们”。

锄地最快的奴隶负责带队。他通常距离身后的同伴一杆[1]之远。如果有同伴超过他，他就挨鞭子。如有人落后或有一秒钟偷闲，鞭子就会抽过来。事实上，皮鞭每天从早到晚一直飞舞。锄地的活儿自4月持续到7月，一块地刚锄完立刻到下一块地，一轮接着一轮。

8月中旬到12月初是收获季节：棉花采摘三次。奴隶们带着长袋子，摘完一垄棉花，在地头把棉花倒进篮子里。监工每天晚上称篮子里的棉花。“奴隶带着自己的棉花篮子向轧棉机房走去时，无不胆颤心惊。”诺瑟普特别说道。

如果重量不够——如果他没有完成分配给他的全部任务，他知道自己必须受罚。倘若他比自己的任务多采摘了10斤或20斤，他的主人很可能就用这个新的数量衡量他第二天的工作。因此，无论做得太少还是太多，他总是惊恐万分、瑟瑟发抖地向轧棉机房走去。

若有人不小心折断棉株上的一个枝杈，等待他的是“最严厉的责罚”。

1　一杆（a rod）为长度单位，相当于16.5英尺，约5.03米。——译者注

美国南北战争期间，南方种植园主期望以棉花获利的团体能助南部邦联一臂之力，然而，英国宣称自己对美国内战持中立态度。英国许多工厂主和工人虽然感受到“棉荒”带来的巨大冲击，但他们仍支持美利坚合众国的事业。1862年，“曼彻斯特的公民”甚至写信给林肯总统，敦促他坚决消除奴隶制度“肮脏的污点”。

美国内战的结束和奴隶的解放对棉纺织业的影响，远远没有许多人希望（或担心）的那么严重。北方的商人为了让南方“棉花盛开的峡谷”与北方他们自己的“雪山”重新建立联系，他们投资，使大规模的棉花生产得以恢复。美国答应给获得自由的奴隶“40亩地1头骡”，但是，理想很快变得缥缈。许多黑人在以前工作过的种植园成为收益分成的佃农，他们必须在租来的土地上种植棉花（不可种植供给食物的作物），然后将一半的收成交出去。从严格意义上说，奴隶的身份已经结束，但是正如理查德·赖特和兰斯顿·休斯等作家所说，南方的非洲裔美国人仍然生活在“以棉花为围墙的”世界里，他们仍在为让他人获得利润而“辛苦耕耘”。很快，许多贫穷的白人也加入这个行列。

19世纪末，棉花的全球价格下跌，土壤贫瘠。1892年，长着长喙的棉花害虫棉铃象甲穿过格兰德河进入德克萨斯州的布朗斯维尔。棉铃象甲以大约每年近100公里的速度前进，慢慢向东一路津津有味地咀嚼；1921年，它们到达弗吉尼亚州。棉铃象甲在棉蕾和棉铃里产卵，孵化的幼虫将棉蕾和棉

铃吃得精光，叶子接着也会脱落——光秃秃的一株植物就是虫灾最确凿的证据。

非洲裔美国人对棉铃象甲的态度颇为复杂。他们的生活因棉铃象甲对棉花的破坏而举步维艰，但是，这害虫又变成了一个民间英雄。许多蓝调歌曲把棉铃象甲描绘成大胆、坚韧、来往随心所欲的小动物："棉铃象甲离开得克萨斯，向我告别说，祝你顺利/我要去密西西比，把路易斯安那送入地狱。"

让·图默（Jean Toomer）说，棉花"如南方的雪一样稀罕"。种族冲突加剧，成千上万的非裔美国人跟随棉铃象甲，面向北方工业城市踏着前进的步伐，开始历时几十年的大迁徙。棉花国王的统治已近尾声，但是，并非每个人都哀悼它的逝去。1919年，阿拉巴马州恩特普赖斯（Enterprise）的市

世上唯一一座为农作物害虫设立的纪念碑。阿拉巴马州恩特普赖斯市

民为棉铃象甲竖立起一座纪念碑，“衷心感谢”它在促进经济多样化时扮演的重要角色。恩特普赖斯城市周围种植的花生不仅把重要的养分归还给土壤，而且，事实证明，花生是当地农民成功的经济作物。棉花生产向西移动到了亚利桑那州、加利福尼亚州和新墨西哥州，棉铃象甲依旧穷追不舍。

棉花对世界经济、对成千上万人的生命具有持续不断的重要意义，这一点如何强调都不为过。关于棉花的各种故事源远流长，情节类似，人物相仿，只是故事的发生地点会有变化。棉铃象甲对棉花的威胁依然凶猛，虽然现在美国南方各州基本摆脱了这种害虫，但巴西90%的农场还在遭此虫灾。在人们认为机械化成本较大时，依然有人被迫从事季节性的苦力劳动。在乌兹别克斯坦，政府雇员（常常还有儿童）必须在收获季节做农活，帮助农民完成每年的指标。从孟加拉国到越南，纺织业的工人苦苦挣扎，仅得果腹。

中国和印度是当今世界两个主要的棉花生产国。在美国内战期间，印度棉花生产已经开始工业化，但是受到严格的殖民控制：印度的棉田因为要向兰开夏郡的工厂供应棉花，种植的全部是美国陆地棉的栽培品种；英国为保护自己的出口生意，只许可印度的工厂生产廉价的灰色棉布。棉花自然成为印度独立运动的一个焦点。圣雄甘地（Mahatma Gandhi）敦促印度人抵制英国的布料，号召印度人像他那样把纺织自己的布料视为“爱国义务”。家庭纺织的棉布变成强有力的政治符号，然而，印度独立后也开始扩张棉花生产和棉纺制造

业。今天，印度（以及世界其他地方）种植的棉花大多是陆地棉的栽培品种，融入了生物工程技术，是可以防虫的棉花品种。2018年，610万公吨产于印度，中国的产量仅次于印度。

2014年，斯文·贝克特（Sven Beckert）在他的著作《棉花帝国：一部全球史》（*Empire of Cotton: A Global History*）结束时说，只是“地球的空间局限”限制了棉花进一步的扩张。然而，五年后，已经种植300万英亩棉花的中国将一粒棉籽送上了遥远的月球。2019年1月7日，中国公布这一粒棉花籽发芽了，是在月球表面的一个密封罐里生长出的“第一片绿叶”。这棵幼苗因无法抵御月球夜间冰冷的温度，一天之内就冻死了，但是，科学家不会气馁。月球上的农业看来不是不可能，那是一个美丽的新世界，但是有一点是肯定的：无论将来发生什么，我们依然要穿棉布。

20世纪40年代末，圣雄甘地用手纺车纺棉线

向日葵

向日葵花有时看起来太灿烂，太单纯，扑面而来，显得有些单调。

迈克尔·波伦审视自己“有益于健康的、令人心旷神怡”的花园时，就有这样的想法：向日葵花很美，但是需要“一丝忧郁”来中和这种单纯的灿烂之美。于是，他在向日葵的旁边种下些许有毒的蓖麻，这种植物长着深绿的叶子，开穗状花。他看到了自己期待的效果：“灿烂得令人心碎的”植物和它的“有些邪恶的孪生兄弟”，这象征着善恶

《向日葵花》，文森特·梵高，1887年。这是高更收藏的两幅梵高的油画中的一幅，他后来售出这幅画，资助自己到南太平洋的旅行

共居一体[1]。

然而，向日葵花并不总是需要一个同伴来添加忧郁的氛围：向日葵花本身就存在于忧郁的阴影里。我们上网搜索花朵图片就会发现，有绿叶陪衬的金黄色花朵几乎总是和衰败的花梗、干枯的种子穗这些阴沉的黑白图片相互搭配。这些黑白图片之所以受欢迎，大多是因为向日葵这种植物引人注目的外形——园艺师说它“具有建筑特征”。向日葵颜色可爱，令人忘

---

1 “善恶共居一体”（Jekyll and Hyde）这个概念源自罗伯特·路易斯·史蒂文森（Robert Louis Stevenson）的小说《化身博士》（*Dr. Jekyll and Mr. Hyde*），小说中哲基尔医生服用一种药，把他性格中的善与恶分在两个人物身上，所有的恶分给了海德先生。——译者注

却忧愁，此外，它的结构也引人瞩目。然而，其结构令人着迷之处远不止于它的外形。向日葵花如同历史古迹的废墟，以洪亮的声音述说逝去的故事，包括太阳死亡的故事。

在文森特·梵高看来，向日葵花不仅是黄色，它代表黄色，呈现光、温暖、幸福的颜色。梵高在巴黎完成的首批油画中“只有大朵的向日葵花”，但是，他搬家到南部时，他的生命才短暂地变得阳光灿烂。梵高在阿尔勒市（Arles）租了一座黄色的房子，计划建一个工作室，在里面挂满向日葵的油画。“在这样的装饰里，原始的或深浅不一的铬黄色闪耀在从孔雀绿到宝蓝、各种以蓝色为基调的背景里，整幅油画嵌在铅橙色的细木条框里。”他希望，实现的效果将颇似“哥特式教堂的彩色玻璃窗”。同时他还希望，这些油画将掀起一个新的艺术运动，即“南方画室”掀起的后印象主义运动。

保罗·高更，《画向日葵花的画家》（《文森特·梵高的肖像》），1888年

梵高发疯似的想让保罗·高更与他一起为后印象主义运动而努力，高更最终来到阿尔勒。高更创作了一幅油画，画中他的知己梵高正在画向日葵花。当时是12月，作画时眼前没有向日葵花。高更认可一个事实：梵高已经成为一个“画向日葵花的画家”，他已经找到自己的主题、风格和品牌。

高更热情洋溢地赞扬梵高的油画，认为这是“一系列的阳光效果，且超越了艳阳下的阳光效果”，然而高更私下仿佛以不同的方式看待黄色。他的写生簿里，在为梵高画像做准备时曾在所记笔记的旁边写下“罪”（*crime*）与“罚”（*châtiment*）两个单词。这明显让人想起陀思妥耶夫斯基的《罪与罚》，在这本小说里，黄色明确象征精神疾病。梵高当时的健康处于脆弱的状态，高更也记录了一些事件，表明他的朋友情绪不稳定，有时会发狂。两人的关系很快决裂，高更返回巴黎。几个月后，梵高住进精神病院。梵高在1890年自杀，他的朋友们、追随者们用绘有枯萎向日葵花的油画来纪念他，这些画中的向日葵花均已枯槁，原本生机勃勃的黄色已荡然无存。

罗兰·霍尔斯特（Roland Holst）所做的平版印刷画，是《文森特·梵高遗作展》（*Tentoonstelling der nagelaten werken van Vincent van Gogh*）的目录封面。为纪念梵高，这些遗作在1892年即梵高去世两年后出版

罗兰·霍尔斯特的向日葵花是死的，无色的，它和梵高油画中色彩明亮的黄色花朵是孪生的。当然，一种植物有时候也是自己的衬托，述说自己曾经拥有却已逝去的荣耀。1955年，在伯克利的一个铁路调车场，艾伦·金斯堡和杰克·凯鲁亚克看见一堆锯末上有一朵沾染灰尘的向日葵花。在金斯堡眼里，它的舌状花就是“破旧不堪的皇冠”。这朵向日葵的种子几乎全部脱落，仿佛一个人的面孔，长着“几乎无牙的一张嘴”，“耳朵”里甚至还藏着一只死苍蝇。这个“破旧不堪的老东西”“像人一样大”，金斯堡说它就像一个人，一个美国人，机器时代的一个居民。“什么时候你忘了自己是一朵花？”他朝着这朵花质问，“什么时候你看见自己的外表就说自己是丧失功能的老旧的机车？”金斯堡在“布道”或

者“念经”，他传递的信息显而易见：“向日葵花啊，你从来都不是机车，只是一朵向日葵花！”但是，这条信息最重要的内涵是，他将它应用于自己，也应用于凯鲁亚克，应用于“任何倾听的人”。他缓慢而庄重地说，美国人，“我们的皮肤充满尘垢……我们的内在却是金黄色的花朵，我们自己的种子赐福给我们”。

在金斯堡和梵高看来，向日葵花在最灿烂的时候不只是代表瞬间的快乐，它衰败后所结的果实蕴藏着种子，它带来对光明未来的期许。这一想法，再加上孩童在学习绘画时所画的花朵大多是向日葵花的样子，这就成就了向日葵花成为颇受欢迎的象征符号，它标志着童年时代和希望。（另见《雏菊》。）20世纪末许多政治海报都把向日葵花和童稚的平面造型风格结合起来，让人们关注孩童的福利，绿党[1]以及全世界的反战运动也把向日葵花当作徽标。

1　绿党（Green parties）是关心环境保护的政治组织，于20世纪70年代在德国、英国、美国等国家成立。——译者注

向日葵生长在花园或田野里，从象征意义上看，它更富有希望。1996年，为庆祝乌克兰的核裁军，美国、俄罗斯和乌克兰的一群政治家聚集在以前的一个核发射井所在地，在那里播下向日葵的种子。他们说，“用向日葵代替导弹”，这可以保障“未来世代人的和平”。当然，向日葵还可以充当食物。

今天，葵花籽是世界五大含油种子作物之一（当然，还赶不上棕榈油），乌克兰和俄罗斯是世界最大的葵花籽生产国。2018年，乌克兰收获1500万吨向日葵。向日葵是17世纪时彼得大帝引进的，是他现代化计划的一部分。到了19世纪中叶，向日葵成为一种农作物，种子既可食用，亦可提取食用油。事实上，我们所说的种子是向日葵的干果实或瘦果，一个含油的核仁包裹在一个干壳里，干壳外有一层薄膜。

然而，乌克兰并非所有的向日葵都可食用，其中有一批向日葵必须排除在外。1994年，这批向日葵种植在切尔诺贝利禁区。这个禁区围绕以前的切尔诺贝利核电站，面积大约有1000平方英里。这里种下的向日葵以独特的方式让人们看到希望。

1986年4月，四号核反应堆爆炸之后，灰尘和雨水挟带放射性同位素铯137和锶90渗入切尔诺贝利核电站周围几百平方英里的土壤。科学家想知道，从土壤中吸收钾和钙等营养物质的向日葵可否用来提取土壤中的放射性同位素。

在其他一些情况下，人们也使用各种植物除去被污染的土地和地下水中的化学物质，这个过程是植物提取修复法

德国绿党（Die Grünen）的海报，约1980年

（phytoextraction）。人们用蕨类植物、芥属植物、柳树和杨树分别提取砷、铅、镉和汞。向日葵用于植物提取修复法有几个优势：它容易种植，生长速度快，根部入土深，硕大的叶子和头状花序提供大量的植物细胞组织，将土壤中的污染成分收集起来。在距离切尔诺贝利核反应堆一公里处的一个小池塘里，人们把向日葵种植在聚苯乙烯泡沫塑料制成的筏子上，漂浮在池塘里。十天以后，向日葵除去了池塘内95%的污染物。鉴于几种原因，向日葵从土壤中提取污染物的效果没有这么好，放射性物质无法被彻底清除，但是，将污染物集中于植物材料上便可单独储存，方便处理。

2011年，在福岛第一核电站遭受地震和海啸摧毁之后，日本也开始使用向日葵。地震在3月发生，政府机构、社区团体

法国中部圣洛朗（Saint Laurent des Eaux）核电站外围种植的向日葵

和当地的农民在4月齐心合力地播下向日葵的种子：据估计，共播下800万粒种子。向日葵7月开花了。这种具有象征意义的除去污染物的行为相当奏效：游客络绎不绝地来赏花，植物提取修复法取得一些成效。遗憾的是，主要问题不在土壤里，而在于核反应堆对水的污染，这个问题尚未得到彻底解决。

向日葵遍布全球。如果你不是美国人，很难记起向日葵的发源地。一年生的野生向日葵——分叉、多头——美国西部遍

地都是。美国土著居民采集向日葵，充当食物和药物，还用来举办一些仪式。霍皮族妇女用碾碎的向日葵花瓣把面部涂成黄色，把葵花戴在头上，以这种方式崇拜霍皮族的神——库万莱伦塔（Kuwanlelenta，这个名字的意思是“创造美丽的环境”）。大约在5000年前，在北美东部，这种植物仿佛经过培育变成粗梗、单头、如今我们称之为向日葵（*Helianthus annuus*）的植物。美国土著居民千方百计增加向日葵种子的产量。然而，向日葵从来不是最主要的农作物——人们把它种在田地的边缘或者玉米垄的中间。20世纪初，希达萨族（Hidatsa）的一位名叫马克西迪瓦克（Maxi'diwiac，意思是“水牛鸟女人”）的妇女向一位前来访问的人种志学者详细描述向日葵的种植和消费情况，包括他们“最美味菜肴”的食谱：向日葵、玉米、南瓜和豆子为食材的一种炖菜。

考古学记录显示，土著居民种植的向日葵在基因上有很强的多样性。向日葵能轻而易举地和近似的品种——比如，草原向日葵（*H. petiolaris*）——杂交，从而适应从北达科他州寒冷的平原，到新墨西哥州的沙漠等多种不同的环境。这种适应性是另一个充满希望的信号。全球的农业都在寻找应对气候变化的方式，向日葵具有很强的适应性，它可能在未来扮演重要角色。目前已有几种含油植物种子用于生产生物柴油，向日葵是其中的一种。另外，和欧洲油菜相比，向日葵的种植产生的温室气体更少。

随着过去培育向日葵的土著居民逐渐对向日葵失去了兴

趣，现代美国人一直到近期才相对关注向日葵。殖民者和他们的后裔在很长一段时间内都把向日葵看成杂草。有一首诗打趣说，把它种在花园里，它过于“芜生蔓长、粗陋毛糙”；可以把它扎成“可爱的花束，送给一匹马”。向日葵到19世纪才又声名鹊起，因为门诺派教徒和犹太移民带来了高产的俄罗斯种子。19世纪80年代，像伯比（Burpee）（见《万寿菊》）这样的种子公司为美国农民供应“俄罗斯大花朵”向日葵，同时也开始出售装饰类的向日葵品种，直接卖给渴望“美化”农场的“农民的妻子”。在农业以外的其他领域，向日葵和英国唯美主义运动以及奥斯卡·王尔德联系起来，成为一种时髦的植物。1882年，王尔德在北美演说旅程中摆姿势拍照时身边时常摆放这种“花俏的、狮子一样的”植物。

1918年，薇拉·凯瑟在写作时回忆起内布拉斯加州大草原上“两旁种了向日葵的”道路。她重新讲述摩门教徒的故事：他们在去犹他州的途中在道路旁种植了向日葵，这样，“第二年夏天，当满载女人和孩子的长长的车队经过时，他们只需循着向日葵的路径前行”。这个故事扣人心弦，当然它回避了一个事实：向日葵是内布拉斯加州土生土长的植物。此外，堪萨斯州对“拓荒的岁月、蜿蜒的小路、没有路径的大草原”也饱含浪漫的依恋，因此，1903年它宣布自己是“向日葵州”。

西班牙人16世纪横渡大西洋，从“新世界”运回多种植物种子，向日葵是其中最富丽壮观的植物：它是帝国征服最完美的胜利纪念品。药剂师研究向日葵的药物学特性和烹饪用途（帕多瓦植物园的园长认为煮熟的花梗比芦笋“更美味”），此时，人们对向日葵的讨论大多强调它体积大、新奇；接着植物学革命突然流行，人们又讨论向日葵揭示自然界的哪些运行法则。

向日葵的花朵有两个方面特别引起欧洲人的兴致：几千个圆形小花排列在头状花序上；头状花序上的黄色舌状花构成一个花环，这使向日葵看起来像太阳，仿佛又追随太阳。

1597年，英国的草药医师约翰·杰勒德（John Gerard）说，这些圆形小花仿佛是“一个心思缜密的能工巧匠故意用非常完美的顺序排列的”。这种顺序是螺旋形的，其原理是：每一朵小花从向日葵的中心长出来时，受下一朵小花向外的推力影响，而向外的推力有顺时针和逆时针两个方向。依照数学家的计算，这种模式是最有效的方法，可以将最大数量（2000以上）的小花挤进最小的空间里。这种模式[1]在大自然里到处可见，但是，向日葵这个例子尤为清晰，让人浮想联翩。2016年，英国皇家学会号召其成员种植向日葵，核验花朵中螺旋形状是否构成斐波那契数列，其结果是五朵中会有一朵体现其他的数学模式。

1 即斐波那契数列（Fibonacci sequence）。

研究向日葵的学生最感兴趣的是它的向日性（heliotropism）：这种植物的习性是跟随太阳每日的运行轨迹而转动自己的头[1]。许多植物有这种习性，但是，也许因为向日葵体积大，因而最为人所知。在过往的岁月中，研究者提出了许多理论来解释向日葵向日性的原理，有些人认为，这其中蕴含深奥的哲学问题。继承亚里士多德传统的哲学家认为，植物和动物最重要的区别是，植物“被动地”对环境产生反应。但是，新柏拉图主义者不相信植物和动物有区分，不相信一切（植物、动物、人和神）都属于一个分等级的、单一的生命体系。在他们看来，向日葵的运动不是一种被动的本能反应，而是动物和人均可表现的主动行为。

科学家已经发现，向日葵的花朵面向东方升起的太阳，缓慢地追随太阳的运行，最后面向西方。它在夜间又慢慢转向东方，再次开始一个循环。然而，人们眼中的“转动”事实上是花梗朝各个角度的延长：白昼时，花梗的东面延长，使花朵面朝西转动；夜间，则反之。即使在阴天，植物的运动也遵循这个模式，这说明它是遵循一种内在的时钟即生物钟运行的。科学家最近发现，控制这一过程的是植物生长激素。这一发现颇有道理，因为只有尚未成熟的向日葵才具有向日性，这种植物需要最大限度的阳光才能长大成熟。然而，

1 法语单词“tournesol”（向日葵，意思是“随太阳转”）突出反映了植物的这种习性。

向日葵时钟示意图，源自阿萨内修斯·基尔舍（Athanasius Kircher）《天然磁石：磁性的艺术》（*Magnes, sive De Arte Magnetica*）（1643年版本）。一株葵花被固定在一块软木上，浮于水上。向日葵面朝太阳旋转时，葵花中心的指针则指向一个悬空的圆环上的时间刻度

一旦成熟，优先次序就会发生变化。它成熟后，花朵就面朝东安定下来了，从此在上午可稍微升温，足以吸引传粉媒介，又不至于过热而毁坏花粉。

向日性激发诗人的思绪。事实证明，向日葵在时间的长河里逐渐变成一个多功能的比喻：作家们借用它，思考忠贞和不求回报的爱；牧师借用它，比喻信徒对上帝或圣子（常使用双关语）[1]的忠诚；艺术家使用它向资助者致敬；大臣用它向国王表达忠心；大众用它来表达对政治领袖始终如一的忠诚。

最历久弥新的是奥维德在《变形记》（*Metamorphoses*）中讲述的爱情故事。仙女克吕提厄（Clytie）渴望太阳神阿波罗的爱，变成一朵花；她长在土里，总是转动自己的头，跟随驾驭战车穿过天空的太阳神。作品为了强调克吕提厄转动头部的艰难，总是呈现她扭曲的、最不舒适的形象。奥维德提到的这朵花事实上是一种紫色的向阳花，但是，人们不计其数地重述这个故事，这棵植物本身也经历了变形的过程——它最先变成万寿菊，然后，17世纪时又变成向日葵。尽管向日葵后来变成了旁观者，但其自身一直是个奇观。

这两个角色在拜伦的讽刺作品《唐璜》（*Don Juan*）中确实发挥了作用。朱莉娅在和与作品同名的主人公结束恋爱关系后，寄给他一封绝交信，信中写下后人时常引用的诗句："爱情对男子不过是身外之物，对女人却是整个生命。"好有

1 英语中"太阳"（Sun）和"儿子"（Son）发音相同，常用作双关语。——译者注

分量的文字！但是，对于朱莉娅的“痛苦”，拜伦的看法我们一目了然。因为我们看到，朱莉娅选用一张“金边纸”，一支崭新的“乌鸦长羽毛细笔”写这封信，使用“特级”封蜡印章，向日葵形状的印章带着*elle vous suit partouti*（你去哪里她都跟随）的题字。

朱莉娅可能爱着对方，但是她依然维持自己的仪态和尊严。克吕提厄这样的向日葵花并非如此，此类女人中有许多沉溺于性爱，以至失衡而深陷屈辱。诗人多拉·格林威尔（Dora Greenwell）曾描述过一个女子，她不仅沦为爱的奴隶，还“心甘情愿为奴”。这个女人说道：

我只好把头
垂在我的花梗上，我触不到他；
他不肯向我弯腰。

这种意象传承下来，甚至演变为现代的诗句。在鲁皮·考尔的诗《太阳和她的花朵》（“The Sun and Her Flowers”）中，叙事者提起她的爱人时说：“你待我如同太阳对待那些花。”

1896年，全美女性选举权协会（National American Woman Suffrage Association）选择向日葵作为会徽，协会成员对向日葵产生别样的联想。向日葵追求亮光，因而追随太阳。美国有极为重要的、代表美国精神的拓荒神话：向日葵

温斯劳斯·霍拉（Wenceslaus Hollar）依据安东尼·范·戴克的《手指葵花的自画像》所作的蚀刻画，1644年

“追随文明，追随犁与车轮，因此，女性选举权不可避免地追随文明的政府。”

维多利亚时期的花卉词典编纂者把向日葵定义为“骄傲”“自负”的符号，他们的脑海中是否闪现过那些为妇女争取选举权的人们？事实上，人们对向日葵产生联想比这还要早。17世纪时，在亚伯拉罕·考利（Abraham Cowley）创作的诗歌里，向日葵极端倨傲不逊，以男性身份出现，也不算巧合。这

棵植物无所事事，只是向他周围“从土里钻出来的一堆蘑菇”炫耀从父亲（太阳）继承的“血脉”：他“金黄”的脸庞不全是他父亲“真实的样貌”，只是父亲“活的翻版”，“和他相像”而已。考利笔下骄傲的向日葵不是因失恋而憔悴的克吕提厄，而是新柏拉图主义的“存在秩序”（order of being）中的一个成员。他以倾慕之心仰望他的父亲，（又津津有味地）鄙视他周遭的蘑菇。我们不禁把考利诗中的这位说话者想象成《手指葵花的自画像》(1633）中安东尼·范·戴克的联袂主演。范·戴克的头在《自画像》中甚至和向日葵的花朵一样大。这幅《自画像》标志着范戴克作为查理一世的御用画家早期的飞黄腾达。他手持的金链子末端的纪念章是查理一世的头像，另一只手指着向日葵花，明显是效忠的手势。

与此同时，艺术家艾未未选择使用葵花籽。2010年，他将重达10吨、1亿颗葵花籽运到伦敦泰特现代美术馆的涡轮机大厅里。事实上，这不是真的葵花籽，而是用陶瓷制作的与实物一样大小的仿真品，每一粒都是在小作坊里用手工精细制作的，任何两颗都不完全一样。这也许为了说明集体经验里蕴含看不见的个性，也许旨在揭示中国精细的陶瓷生产史与当下廉价的大规模生产之间的关系。颇为巧合的是，中国就在2010年终于超越美国（向日葵的故乡），成为世界最大的向日葵生产国。中国艺术家认为有必要去做向日葵最擅长的事：寻找新方向。

AUTUMN

秋

Autumn

短暂夏日的流光，如此易逝！……留给我满目悲凉。

——夏尔·波德莱尔《秋之歌》（*Autumn Song*）

今年的玉米和三叶草都已收获，

高兴起来，我的姐妹，生活远没有结束！

——克里斯蒂娜·罗塞蒂（Christina Rossetti）《十月》（*October*）

秋天是春天的第二个自我，是一年中的另一个关键。如果春天意味着“尚未完全开始”，秋天就是“尚未完全结束”。春天将希望赋予将要到来的事物，秋天庆祝并开始哀悼已经发生的事情。

有时，秋天的花朵仿佛是历时6个月之后对春天先驱者产生的共鸣。10月黄色的金缕梅看起来像5月的柳树；9月紫色的藏红花让我们想起2月盛开的番红花。迟来的感情让人回忆早先截然不同的感情，恰似中年人回首往事。

约翰·多恩（John Donne）在诗歌《秋颂》（*The Autumnal*）中赞美衰老的魅力，[1] 把这种美比作舒适、温和的季节。有读者认为，他这样讨论这位女士的皱纹有失风度，但是，当你听到“春之娇，夏之魅，均不及你满面风霜之静美”，你会反对吗？很少有人赞颂如此迷人的季节。约翰·拉斯金认为，以衰老的状态活着就是全然无望地活着。在特德·休斯（Ted Hughes）看来，衰老就是让自己接受“缓慢的告别”。露珠凝结时，忧郁的诗歌就开始为“夏天最后的玫瑰”而忧伤，为“枯萎病”贻害人和植物而哀痛。然而，亚历山大·普希金享受秋天“华丽地褪去颜色”，说它像“患肺痨的女孩”（她“注定要死亡”，可她的面颊泛起迷人的“红晕”）。埃米莉·狄金森的想象更辽阔深远，她甚至认为天堂里肯定是秋天。

1　也许他说的是寡妇玛格达伦·赫伯特（Magdalen Herbert）美丽的风韵。

事实上，狄金森想到的是“季节中独特的季节”，那就是“印第安人的夏天”。美国气象学会把它定义为“中秋至晚秋这段时间反常的燥热天气，常见艳阳高照的晴天却有迷蒙的薄雾，夜间气温骤降”。然而，这不是正常夏季的延续。说它是“印第安人的夏天”，因为它出现在“严酷的霜冻”之后。类似的天气状况也出现在世界其他地方：许多欧洲国家有“老妇人的夏天”或者“圣马丁的夏天”（圣马丁节是11月11日）。但是，在19世纪的新英格兰，这种反常的现象获得了半神秘的地位。有人认为，它指的是印第安人恢复打猎生活的那一段薄雾朦胧、天气温暖的时间，也许不足为凭。19世纪末，蒸蒸日上的旅游业正热情推广观赏秋叶的旅行路线，无论“印第安人的夏天”这个概念出自何处，这个短语已家喻户晓。

狄金森生活在马萨诸塞州，她在无数首诗里表明，她热爱霜寒的摧毁之力（她称之为“金黄色的杀手”）和霜冻之后“再现的阳光”。

每一朵花儿

都在幸福地嬉戏；

白霜以意外之力斩其头颅

花朵显然没有诧异。

这种杀戮如此残暴，因此，阳光再次照耀时，龙胆草绽放天堂般脱俗的紫色花，马萨诸塞州的10月仿佛让世人用肉眼看见了来世。

威廉·布莱克更喜欢世俗的解释。他没有把秋天说成是先前的爱人变成了满脸皱纹的朋友，而用拟人手法说这是“乐呵呵的秋季”，像酒神一样使劲儿地狂欢，“以嘹亮的歌声赞美鲜花与水果”，然后依依不舍地离开，留下“五谷丰登金灿灿”，让人在整个冬季享用。布莱克可能想到了秋收感恩节，全世界均可见到的一年一度庆祝丰收的节日，重点都在食物上。

在秋季其他的节日，花儿会隆重出场，主要充当纪念的符号。本部分探讨的花儿有三种都是这些仪式的主角。在中国和日本，菊花是重阳节（农历九月九日）的花朵，这一天，人们赞美长寿，向长者致敬。菊花是真正属于秋天的花儿：黑夜开始变长时，它的花瓣才开始出现。全世界的人都把菊花当作花园植物，当时令让人们特别渴望亮丽的黄色或橙色花朵时，它就适时开放，赢得世人情有独钟的赞美。路易斯·毕比·怀尔德（Louise Beebe Wilder）将菊花过分浓郁的香味比作“扭鼻器”（nose twister），其馥郁的花香和鲜亮的颜色弥补了叶子逐渐衰败之不足。今天我们已经不再关注菊花自我取长补短的特质，因为园丁会调节温室的气温，保持日夜气温平衡，一年四季各种颜色的菊花便源源不断地供应给插花市场。

此处我们也会讨论庆祝其他节日时使用的花朵，这些花儿通常在其他季节生长更旺盛，而此处讨论它们是因为我们今天已把它们视为秋天的花儿。在墨西哥，万寿菊在春天开花，一直到秋天首次霜冻，但是园艺师会精选特别的品种，确保人们在纪念亡灵的一系列仪式到来前这些花儿准时开放，这些仪式的高潮就是11月2日的万灵节（All Souls' Day）。英国及其他一些国家使用红色虞美人纪念第一次世界大战的亡灵。这种植物曾在初夏时在欧洲战场上开花，而如今的纪念日是11月11日。

毫无疑问，秋天是人们以各种方式清点存货的时间，也是回首往事的季节。花园的园丁要做许多事情：树木准备过冬而褪去叶子，树叶从树上飞舞而下，四处散落，园丁要扫落叶、修剪树木、剪除干枯的花梗和花朵。有些工作既是为了送别即将消逝的一年，也是为了迎接即将来临的一年。人们要选种子、种球茎，这些种子和球茎既是“记忆的果核”（Abū al-Qāsim al-Shābbī），又是“春天的花朵从中爆破而出的炸弹”（Karl Čapek），它们才是花儿在秋天真正的标志。秋天是破坏的季节，也是创造的季节。

藏红花

我们总是很难说清楚某一种植物的起源地，尤其是那种已经遍布全球、在传播过程中多次更改名字的植物。不过，我们有时候可以结合古代的资料和现代遗传学知识来寻找答案。

2019年，德国和伊朗的科学家合作发表了一篇论文，确定了番红花（*Crocus sativus*）这种鸢尾科草本植物的源头。番红花开着淡紫色的小花朵，花朵中干燥的橙色柱头我们称之为藏红花（saffron）。我们看到的第一条线索是泰奥弗拉斯托斯（Theophrastus）对番红花的宣传性描述，提到它“大而多肉的根”（即它的球茎）。这说明公元8世纪时已经有了番红花。青铜器时代爱琴海文明的壁画中呈现的番红花与它的近亲卡莱番红花（*C. cartwrightianus*）迥异，番红花只有雄蕊。也就是说，它不结果实，没有籽实；它依靠植物性的繁殖方法，即挖出球茎，重新种植“新生小球茎”。这意味着两个事实：第一，番红花无论是生长在西班牙还是伊朗，无论生长在埃塞克斯郡的乡村还是宾夕法尼亚州的乡村，它的每一颗鳞茎都是人工种下的；第二，番红花在基因上大体相同。

分子测试证明了人们长久以来一直怀疑的事情：番红花由卡莱番红花变异而来。克里特人因为番红花特别长的深红色柱头而选择了它，这些线一样的柱头经过收集并干燥后而

一位妇女在岩石嶙峋的峭壁上采摘野生卡莱番红花。锡拉岛（圣托里尼岛）阿克罗蒂里遗址（Akrotiri）赛斯特3号建筑的壁画，约公元前3000—前1100年

成为世人梦寐以求的昂贵香料：藏红花。人们称它是“红色的金子”，可谓实至名归。

毫无疑问，成本本身足以使人们如此经久不息地渴望藏红花。事实上，藏红花远不只是一种奢侈的植物。现在我们知道，西班牙巴伦西亚杂烩菜饭、马赛法式鱼羹、米兰烩饭、印度焦特布尔拉昔酸奶、瑞典的圆面包、伊朗的大米布丁、宾夕法尼亚州的荷兰菜肉馅饼等无数的美味佳肴都用藏红花做配料。藏红花还是欧洲中世纪手抄本和波斯小地毯使用的至关重要的颜料。埃及人把藏红花织在裹尸布里，罗马人把藏红花加在眼影里，印度教的遁世者身上穿的圣袍用藏红花染色。世上成千上万种药品都含有藏红花。藏红花还构成一个动词：衬衫“染成藏红花色”（saffroned），历史教材“藏红色化”[1]（saffronised）。1966年，歌手多诺万（Donovan）在流行音乐排行榜上升至第二位，此时，他在名为《小黄人》（*mellow yellow*）的这首歌曲中说自己“对藏红花发了疯”。事实上，这个“小黄人”只不过是一个香蕉形状的振动器。

每年9月或10月是藏红花收获的时间，这一点自古至今没有太大变化。只要有花朵盛开，人们就要赶在太阳尚未完全升起之时，用指甲掐断三根红色的柱头将其收获如此细密的工作通常由女人来做。第二天，要重复这个过程，因为又有另外的

---

1 本书作者对历史教材“藏红色化”这一说法在本章的结尾部分进行了解释。——译者注

《健康之书》(*Taqwīm as-Siḥḥa*)中的插图。这部11世纪的阿拉伯文药典在13世纪被翻译成拉丁文的《健康全书》(*Tacuinum Sanitatis*)

花朵盛开了。收获藏红花是时间短暂、过程精细的活儿。

为确保藏红花不褪色、香味不流失，必须迅速干燥柱头（干燥后其重量减少大约80%）。在伊朗和摩洛哥，藏红花被置于阴凉处风干；在西班牙，人们把藏红花放在炭火上的网状托盘里烘干；在英国，藏红花被放在负重的模板中间挤压做成一个“饼”，至少在16世纪时是这样的。

积累1公斤的藏红花需要大约20万个花朵、付出400多个小时的劳动。因此，每一克香料都是最昂贵的农产品，对罪犯有极大的诱惑力。人们在处理番红花最无价值的部分时，违规行为时常发生。人们采摘柱头之后，将番红花的剩余部分视为废品，剩余部分成熟后带来的不是落英满地的美景，而是非法

收获藏红花，伊朗，2007年

倾倒垃圾的严重问题。1574年，人们抛弃的紫色花瓣堵塞了萨弗伦沃瓦尔登（Saffron Walden）这个英国小镇的斯莱德河（River Slade），为此，官方颁布了一条法令，宣布倘若有人再如此缺德，就把他锁在足枷[1]里接受两天两夜的惩罚。

---

1 足枷（the stocks）是一种刑具，为固定罪犯双脚的一个木架。英国在13至19世纪期间曾使用足枷惩罚罪犯。罪犯被锁在公共场所的足枷里，任人嘲笑、侮辱。——译者注

这些问题和藏红花盗窃行为相比，实属小巫见大巫。1374年，在瑞士的巴塞尔市附近，一群贵族劫持了运输途中的800磅香料，由此引发了长达14个星期的藏红花战争。他们以为藏红花可以治愈疾病，后来发现没有疗效，就把藏红花物归原主了。在19世纪伦敦老贝利街中央刑事法院的诉讼记录里，有人因从药房或仓库窃取香料而遭到起诉，不得不面对法官的审判，此类案件不计其数。1835年，2磅盗窃来的藏红花价值21英镑；在1871年，有人售出200磅藏红花获250英镑。

每个药品贩子都知道，收益最大的犯罪活动是卖假货。香料如果是粉末状的，更容易掺假。藏红花很容易和菊科的红花（又名“假藏红花”）和金盏花属植物万寿菊这两种花瓣的姜黄色粉末混在一起。还有其他作弊的方法，即使用其他植物的纤维（比如，石榴的纤维、虞美人的花瓣）并使其膨胀变厚，更惯常使用的方法是使藏红花的花柱或雄蕊膨胀以增重，也有人用纸条、丝线、马毛甚至烟熏牛肉的纤维。还有更容易愚弄买方的方法：即把藏红花储存在潮湿之处或用蜂蜜、油或甘油使其湿润，增加藏红花的重量。今天依然有人使用这些古老的方法。在2000年，来自拉曼查（La Mancha）地区高等级的西班牙藏红花售价为每磅3750英镑，而布雷德福市的一个药品贩子出售的香料是每磅277英镑，这引起了英国贸易标准部官员的警觉。检验结果显示，市面上四分之一的藏红花都含有染色的雄蕊。1444年，乔布斯特·芬德勒斯（Jobst Finderlers）在纽伦堡遭火刑被处死，他的那些

掺假的藏红花与他一起被付之一炬。然而，在21世纪的布雷德福市，出售掺假藏红花的人，只需支付5000英镑的罚金。

没有人怀疑这个问题的严重程度以及辨认真伪的难度。古罗马作家老普林尼（Pliny the Elder）在公元1世纪时提出两种检验方法：第一，用手指按压柱头线，检查是否发出噼啪声（潮湿的藏红花“没有声音”）；第二，用手指沾一点香料，涂在脸上如果藏红花是真的，脸上会有一点刺痛感。这两种方法在家容易尝试，如果规模再大一些，就缺乏可行性。伊朗是世界最大的藏红花生产国（年产约220吨），占全球产量的80%以上。生物系统工程的专家近来在伊朗推出复杂的掺假检测方法，使用计算机视觉技术和人工智能嗅觉系统进行检测。

藏红花在罗马帝国很常见，但是后来欧洲人不再使用它，一直到阿拉伯人征服伊比利亚半岛后，人们又开始使用藏红花。北欧人逐渐使用并种植藏红花，到14世纪时，藏红花就成为食物、药品的一个成分为人们所用，后来也成了一种颜料。

中世纪欧洲的厨师受阿拉伯文化的影响普遍喜欢香料，给食物添色、增加风味。藏红花还有其他用途：在日常生活中，它可以用来炫富（500克藏红花香料和一匹马价钱一样）。“我要用藏红花给我的冬梨馅饼染色”，莎士比亚的《冬天的故事》（*The Winter's Tale*）里的小丑如此说道。从这个时期开始，欧洲的烹饪书籍常常提到用藏红花或用加了藏红花的鸡蛋液给菜肴“增色”，使菜肴“黄澄澄”或“金灿灿”。第一本英文烹饪著作《烹饪方法》（*The Forme of Curye*, 1390）从理查二世的大厨师使用的最佳食谱中选编了196道菜肴，其中藏红花是一种主要的食物配料。仪式的场面越盛大，需要的香料越多，即使最简单的菜肴也会以藏红花为配料。比如，“肉汤米饭”（Ryse of flesh）是把米放在肉汤里煮熟，然后加盐和杏仁露，然后，“为了提色”，加一小撮藏红花。

因藏红花而发出金光的不只是食物。在油画和图书插图（比如，在图书一个章节的开始，彩色首字母周围会加一点装饰）里，模仿黄金而调配的混合物里，主要成分就是藏红花。和中世纪的颜料不同，这种颜料混合物容易准备，只需将一小撮柱头浸泡在水或蛋白里，这种混合物无毒，比汞、砷等黄金替代物更优越。法国北部圣奥梅尔镇的修士彼得[1]甚至说过，西西里的藏红花“比黄金更美”。

人们也把藏红花用作消毒剂：富人把它撒在自家地板上，撒进火里，因为他们相信，藏红花是一种药物成分，可以有效抵抗瘟疫。藏红花也许纯粹是安慰剂，按照今天健康

---

1 修士彼得（Master Peter of St. Omer）是法国北部圣奥梅尔镇的一位修士，其著作《圣奥梅尔的修士彼得论颜料制作》（*The Book of Master Peter of St. Omer on Making Colors*）从染色工的角度讨论用植物制作颜料的方法。——译者注

行业的逻辑，药的成分越昂贵，病人就越可能相信它有效。许多人也受植物外形的引导，相信这种植物的外形暗示了它的药理作用（“药效形象说”，另见《甘菊》），或者就藏红花而言，人们深信颜色的类比。因此，有人为黄疸、泌尿疾病这类看似“黄色的”疾病在处方中添加藏红花。更有甚者，在正换羽毛的金丝雀的饮用水里加藏红花，为它再生的羽毛上色。

人们仿佛也把藏红花当成兴奋剂和镇静剂。凯特琳娜·英霍夫·莱梅尔（Katerina Imhoff Lemmel）在1516年入博尔吉廷（Birgittine）修道院成为修女之后，时常给自己的亲属写信，寻求经济及其他方面的援助。她的表兄汉斯在纽伦堡（地中海货物的集散中心）做进口生意，因此，凯特琳娜让他送来大量的藏红花。她说，修道院的修女需要它给她们饮用的汤上色，她们饮用后感觉“好了很多”。汉斯可能对她的意思心神领会。很多草药医师把藏红花当作兴奋剂放进处方里，用于“消除困倦”，甚至让服用者感觉有些“愉快”。尼古拉斯·卡尔佩珀（Nicholas Culpeper）认为藏红花尤其适于治疗“女性体内的梗阻以及歇斯底里的抑郁症状”。在大斋节或降临节这些节日里，修道院特别忙碌，每个修女都有私人的香料存放处，她们的面纱可以得到香薰。近期对“中世纪的抗抑郁药物百忧解”进行的临床试验说明，草药医师的有些说明可能是有道理的。卡尔佩珀担心人们滥用藏红花会有危险，他警告说：“有人会无端地、无法自制地狂笑，最终笑到死去。”但是，没有证据证明他的担忧有道理。有可能那些狂笑的人服用的是“草原藏红花”即有剧毒的秋水仙（Colichicumautumnale）。

在克什米尔、伊朗和北非盛行的藏红花，在英国甚至在多雨的康沃尔郡（藏红花小圆面包在这里依然畅销）长势良好，这相当不同寻常。在英国，大部分球茎都种植在最干旱的地区：剑桥郡南部和埃塞克斯郡北部。剑桥郡几所大学的花园里都种植了藏红花；剑桥郡伊利镇的大主教把藏红花带到伦敦，种在他伦敦宅邸面积很大的花园里。这里后来命名为藏红花山（Saffron Hill）。事实上，面积不大的花园也会专门腾出空间种植这种收益颇丰的球茎。罗兰·帕克（Rowland Parker）曾描述过16世纪福克斯顿这个村子的小农场主如何在面积仅为八分之一英亩到两英亩的小地块里种植番红花。帕克估计，一英亩土地收获大约6磅藏红花，价值约6英镑。因此，这是一种相当赚钱的植物，但是，前提是要找到足够多免费的劳动力。帕克特别提到，“免费劳动力是当时以及接下来两个世纪的农业最基本的特点”。

更大规模的种植出现在英国南部一些地方，主要集中于埃塞克斯郡的集市城镇萨弗伦沃尔登（Saffron Walden，即“藏红花沃尔登”）周围。该镇的原名是“集市沃尔登”（Chepyng Walden），镇名的改变发生在16世纪，旨在认可番红花对该镇经济的重要贡献。在小镇的徽章上，城堡雉堞内种着三株番红花，从纹章学的角度看，这个图案可构成双关语“墙内的藏红

花”（saffron walled-in）[1]。藏红花生意为何在这里如此兴旺，一直引起人们的猜测和遐想。当地民间流传着一个浪漫故事：一位基督徒跟随十字军东征后返回家乡，在他携带的圣物里居然藏着一颗番红花球茎。如果遭到逮捕，他会丧失性命。但是，在民间的传说里，他冒着生命危险“为自己的国家做贡献”。事实也许如此。人们在讲述蚕卵的引进时，也讲过一个类似的故事。也有更平淡但更可信的解释：这个地区易排水的白垩质土壤满足番红花顺利生长的需要，更重要的是，“集市沃尔登”是这个地区羊毛贸易的中心，当然，肯定有随时可供应的劳动力来采摘藏红花。为英国殖民北美做出过贡献的理查德·哈克卢特（Richard Hakluyt）在1598年目睹了萨弗伦沃尔登这个城镇的繁荣，他提出建议，让其他地区也种植这种植物，哪怕只是“为了让穷人忙碌起来”。

人们也常常谈起这种植物的另一个益处，那就是它的可靠性，因为它不是进口的而是当地生产的。现代人讨论食物时也会谈到这一点，“完全真实地由种植者培育的”英国藏红花比从外国进口（可能掺假）的藏红花更可靠。约翰·伊芙林（John Evelyn）说，萨弗伦沃尔登的藏红花“比外国进口的更优质”。但是，当地这种高涨的情绪“上帝给藏红花施

1 从徽章的图案可看出“墙内的藏红花”，即“saffron walled-in”。这个英语短语的发音和萨弗伦沃尔登（Saffron Walden）这个镇名发音相同，故构成双关语。——译者注

肥”未能持久。18世纪时，藏红花几乎消失殆尽：土壤开始贫瘠，劳动力更难保障，烹饪的风味发生变化，羊毛贸易也衰退了。田野里重新种上大麦，城镇的酿酒行业兴起。

在17世纪信奉新教的英格兰，“忧郁的”颜色更受欢迎，禁止奢侈浪费的法律条文也坚持让有些场合使用“忧郁的”颜色，人们认为黄颜色的食物和服饰本质上都具有阴柔气，有异域风情，特别具有天主教的特色。人们一直把黄色和欧洲大陆的天主教联系起来，但是更直接的忧虑集中于苏格兰高地和殖民地爱尔兰，因为这里许多人都拒绝放弃“用藏红花染色的”长度及膝的外衣（*léine croich*）。

有人说，早在10世纪，爱尔兰就从西班牙和中东进口藏红花，已有悠久的历史；后来，爱尔兰也种植藏红花（比如，在科克附近的藏红花山种植），进口量有所限制。这种香料为什么引起英国新教徒的广泛关注和争议？主要因为它产生两种怪异的联想：惊人的奢华和可怕的贫乏（或者说，缺乏卫生）。藏红花可以使衣物颜色鲜亮，人们认为它还可以消毒，除去臭味、虱子（尤其在颜料中加入尿液之后，效果更佳）。人们普遍认为，“人像野兽一样肮脏，又缺乏爱干净的妇人去做清洁”，爱尔兰“几乎到处爬满了虱子”。埃德蒙·斯宾

塞则说，“多汗，长期穿亚麻布”，这是爱尔兰人的习惯，这让他们效仿（天主教）“老西班牙人”用藏红花作染料的做法。但是，托马斯·马费特（Thomas Muffet）医生（以研究昆虫而著称）更富理性地说，事实刚好相反：人们不洗衣服恰恰是因为要保护这种昂贵的杀虫剂。藏红花太昂贵，爱尔兰人要等六个月才洗衬衫、使用一次新鲜的“泥敷剂”。无论如何，亨利八世以经济和清洁的名义，通过了一系列的法律，禁止传统的爱尔兰服饰、发型，禁止任何“用藏红花染色的”物品。这么做，事实上，多半也是为了炫耀英国的殖民统治。

英国人承载着这样的文化包袱，因此，当藏红花在伦敦短暂风靡（主要用于衣领和飞边的染色）时，17世纪英国的讽刺作家大肆喧嚷了一阵子。1616年，罗伯特·安东（Robert Anton）大声疾呼，那“黄带子”（衣领）“现在着实玷污这个时代”，甚至说番红花的柱头有能力将“贵族”变为“涂脂抹粉的娼妓”。

然而，在爱尔兰，人们对黄色的喜爱长盛不衰（法律几乎无效）。这种喜爱甚至比以往更强烈，因为它变成了抵制英国统治的符号。藏红花就一般用途来说可能太昂贵，但是，它的颜色可以用当地的植物模仿。这些植物包括地衣（*Vulpicida juniperinus*）、蓬子菜（*Gallium verum*）和淡黄木犀草（*Reseda luteola*），均为爱尔兰植物中的瑰宝。

今天，绿色已成为绿宝石岛（the Emerald Isle）的主色，即使如此，藏红花在爱尔兰依然拥有神话般的地位。这主要是因为19世纪和20世纪初凯尔特复兴运动者（the Celtic

Revivalists）认为，藏红花这种颜料不是15世纪欧洲贸易的商品，而是爱尔兰古老传统的遗产。比如，威廉·巴特勒·叶芝（William Butler Yeats）早期的长篇叙事诗《莪相的漫游》（*The Wanderings of Oisin*）就让人想起“古老爱尔兰”的“藏红花的清晨”。藏红花色的短褶裙成为国裙，这个想法是后来出现的。詹姆斯·乔伊斯在《尤利西斯》里提到短褶裙，使人想到他尚未完成的“民族史诗”引起的争论。而后到了《芬尼根的守灵夜》（*Finnegans Wake*），他又提到短褶裙。乔伊斯用史诗的风格和“洋泾浜英语”讲述“身穿白袍子的”圣帕特里克与国王利里及其大祭司相遇的故事。圣帕特里克打量着站在绿色阴影里的至高王利里，把他想象成丰收之王，他的“藏红花色的短褶裙”有点像煮熟的菠菜。

在今天的印度，民族主义也是藏红花意义的核心。人们最初创造了“藏红色化”（saffronisation）这个术语，指的是从狭隘的印度教的视角重新书写历史教材这种做法，但是这个术语现在应用更广泛，指民族主义者试图给印度社会的每个角落都染上“藏红花的颜色”。最直观的例子就是印度国家板球队使用的主要颜色。藏红花和印度教有紧密的联系，这由来已久，而且与印度教崇拜火神阿耆尼（Agni）有不可分割的关系。用

（藏红色之）火来净化灵魂，可确保（藏红色之）太阳升起，驱散阴霾，带来启蒙。弃世绝俗、无欲无求的苦行者一直身穿用藏红花染色的僧袍，但是，当下“藏红色化”的形势并非无欲无求、客观公正。1947年，印度把藏红花选作国旗三种颜色中的一种。在今天漫画里，印度民族主义者时常携带巨大的油漆刷，决议要用藏红花色涂抹白色和绿色。参与争论的任何一方都不曾记起这个有争议的颜色背后的番红花花朵，或者更严格地说应该是无人记起克什米尔的藏红花这个行业。

大约在3世纪以前，波斯人把番红花带进克什米尔。据说，种植番红花是为了向佛祖献贡，为僧人染僧袍。后来，与波斯来往关系密切的莫卧儿帝国皇帝在印度比尔亚尼饭及其他菜肴中使用藏红花这种香料，并使它流行起来。但克什米尔的藏红花也成为一种重要的出口农产品。在潘泊尔（Pampore, 又称“藏红花镇”）附近的田野里工作的工人过去常常放声高歌，赞美番红花之美，同时也会抱怨：“把它收集成堆，让我们汗流浃背。”今天不再有嘹亮的歌声了。边境地区的气候变化难以预测，政治暴力事件频繁发生，克什米尔的番红花田地每况愈下。现在只留下一声扼腕的悲叹：“红色的黄金正变成灰色！”

菊　花

1967年10月21日，新闻摄影师马克·吕布（Marc Riboud）接到一个任务，去报道五角大楼外面多达十万人的游行示威活动，抗议美国在越南战争中扮演的角色。国民警卫队的士兵列队守卫五角大楼，抵挡前来汇合的示威者。示威者的面孔如此年轻，这让吕布深感震撼。“我拼命地拍照。”他回忆道。那时数码相机尚未出现，这意味着他的胶卷最终会被用完。然而，吕布说，往往“最后一张照片就是最好的”：“镶嵌在我取景器里的正是美国年轻人的符号：一排刺

在国民警卫队的刺刀前献花的简·罗丝·凯斯米尔(Jan Rose Kasmir),
马克·吕布摄,1967年

刀前有人举着的一朵花。”

这是一朵菊花,十七岁的简·罗丝·凯斯米尔用手举起这朵花。“我前后来回走,向士兵打手势,邀请他们参加我们的队伍,”她回忆说,“他们都不和我用眼神交流。但是,那个摄影师后来告诉我,他注意到他们在摇头。我想,他们害怕接到向我们开枪的命令。你看我的脸,我是极度伤心的:那时我意识到那些士兵是多么年轻的男孩啊!”

凯斯米尔的手势因吕布拍摄的照片而不朽。这个手势后来成为20世纪60年代花朵力量的意象,而手捧花朵面对刺刀这个策略不是从那儿开始的。大多数说法认为这个策略源自诗人、社会活动家艾伦·金斯堡1965年撰写的一篇文章《如何游行/制造场面》(*How to Make a March/Spectacle*)。金斯堡最关心的是——减弱好战的“地狱天使”[1]带来的暴力威胁。金斯堡曾尝试在伯克利发动一次“有趣、喜悦、幸福、安全的”和平示威活动，他建议示威者都携带“成捆的花朵”、玩具、气球、糖果，分发给骑自行车的人、警察、政治家和记者。“建议参与游行的群众带着自己的花”，他如此说道，“前面的队伍要有组织，需提前把花备好。”此次游行进行得和平而顺利，为以后的游行示威活动开创了先例。

就在五角大楼附近的示威游行发生前五个月，青年国际党（Youth International Party，又称易比士[2]）的创始人之一阿比·霍夫曼（Abbie Hoffman）于1967年5月美国军人节（Armed Forces Day）这一天，在曼哈顿带领自己的“鲜花团”进行反战示威游行。电视台报道说，抗议者遭到拳打、脚踢、啐口水，他们的花朵和宣传“爱”的粉红旗帜也遭到愤怒的践踏。这是一次恐怖的经历，媒体的报道彰显了它的价值。霍夫曼随后写道：“鲜花团首战败退，但是，美国，要警惕啊！我们的花朵装备很差，所有花朵都是市郊的花卉商提供的。我们已经开始讨论自己种花，正计划在东河边种上水仙

---

1 地狱天使（Hells Angels）是一个摩托车帮会，美国司法部视其为有组织的犯罪集团。20世纪50年代，第一批地狱天使在加利福尼亚州成立。成员通常为男性，他们穿皮衣，骑大功率的摩托车横冲直撞，因其疯狂、暴力的行径而声名狼藉。——译者注

2 易比士（the Yippies）这个词语由青年国际党（Youth International Party）三个词语的首字母构成。青年国际党是阿比·霍夫曼和杰里·鲁宾（Jerry Rubin）于1968年创立的一个激进青年组织，曾以暴力反对越南战争。——译者注

花，用蒲公英花链把士兵征召站包裹起来。我们会在大街的人行道上挖洞，埋下花种，盖好土。‘权力归花儿’的呼声在美国大地上回响。我们不会枯萎。让一千朵花儿开放！”

霍夫曼把“权力归花儿”定义为“爱与勇气的结合”。这一年发生的许多事都高举“权力归花儿”这面旗帜，商业利益也很快追赶上来。约翰·菲利普斯（John Phillips）为蒙特雷流行音乐节（Monterey Pop Festival）创作了一首推广歌曲，敦促去洛杉矶的游客头发上“务必佩戴鲜花”，在“到处弥漫着爱的夏天”到来时，花环与花的图案无处不在。人们仿佛无法明确区分玫瑰与百合、雏菊与水仙。1967年10月21日，在五角大楼前，人们把“一抱又一抱的鲜花”递给五角大楼前的士兵。凯斯米尔手里拿的是一朵当季的菊花，而常年生的康乃馨成为这一天另一个意象在摄影师伯尼·波士顿（Bernie Boston）的镜头里，一个十八岁的男孩小心翼翼地从美国警卫队一个卫士的枪管上取下一朵康乃馨。（男孩名叫乔治·哈里斯（George Harris），他正在从纽约到洛杉矶的途中，他到洛杉矶后将改名为希比斯克斯（Hibiscus，意思是“木槿”），然后进入卡利弗劳尔镇[1]。与此同时，反战抗议组织“追求和平的另一位母亲”（Another Mother for Peace，AMP）走的是“中产阶层的、温和的路线”。这个组

1 卡利弗劳尔镇（Kaliflower），小镇的名字与花椰菜（cauliflower）的读音近似，单词的第三个音节flower意思是“花朵”。——译者注

织举办的很多活动都围绕母亲节传统中反战的焦点，但它对母亲节的奠基性象征白色康乃馨毫无兴趣，反而选用向日葵作为组织符号。20世纪初参与政治运动的妇女强调母爱的纯洁与持久（以康乃馨为象征）。60年代末，妇女运动的重点转移到青少年的权利和他们的天真无邪，这样的理念被很好地体现在艺术家洛兰·施耐德（Lorraine Schneider）为“追求和平的另一位母亲”设计的海报上：海报中的向日葵是天真的儿童形象，配文是“战争对儿童和其他生物的健康有害”。面对军事和工业的综合体，和平、爱、童真和鲜花这些理念形成一个联盟。

还有其他联盟。凯斯米尔手里举着的菊花是19世纪从日本进口的菊花的后裔。日本对菊花的依恋非常悠久，对菊花的意义也可能有不同的理解。总的来说，在日本与其说菊花象征和平、爱和理解，还不如说它象征日本帝国权力的巩固。

我们首先需要看看中国，因为日本的菊花以及对菊花的认识大多源自中国。中国在1000多年前就开始培育菊花，被用在医学、烹饪、装饰和仪式等领域。对菊花最早、最有

名的记载是在陶潜（陶渊明）的组诗《饮酒二十首》的第五首诗里："采菊东篱下，悠然见南山。"陶渊明只是到他屋子东边的篱笆处采撷菊花，无意间看到南山（江西的庐山）的绝妙胜景。这首诗具有哲学意义，暗指此地与彼地、寻常生活之短暂性（花朵、日子、季节、人的生活）与无垠世界之永恒性（圣山）之间的紧密关系。菊花后来在中国文化中获得的意义大多源自这几行诗。菊花逐渐与重阳节（九月九日，吉祥的双阳节）这个古老的节日联系在一起。神秘色彩和医学成分在这里融为一体，因为人们把凝结于菊花花朵和叶子上的秋露视为青春的灵丹妙药，至少是晚秋的精髓。（许多故事、诗歌、戏剧和画作表达或呈现人们采集重阳节露珠的情景与愿望。）今天人们依然庆祝重阳节：家人一起登高，在山中漫步，佩戴茱萸的枝子和浆果（驱邪），喝菊花酒或菊花茶（不是喝露水）。近年来，重阳节基本变成年轻人孝敬年长亲人的节日。

10世纪时，中国的高僧东渡，把菊花及与菊花相关的礼仪带到了日本。人类学家大贯惠美子描述了日本贵族如何以极大的热情接纳重阳节。皇室设计了一套新的仪式来确保它的长盛不衰："天皇要赏菊时，有人就用前一夜放在菊花中心、受露珠浸润的'菊花棉'擦拭他的身体。"在19世纪七八十年代的明治维新时期，日本放弃了封建制度，将自身塑造成一个以天皇为首的现代国家，与菊花相关的联想也得以复兴。1889年，以16个花瓣的菊花为样式设计的徽章成了日本皇室[1]的纹章和官印。日本的最高荣誉一直是最高菊花勋章，这枚勋章清晰地印在日本军队的标志和武器上。有些人专门收藏日本在第二次世界大战结束时被缴获的步枪，时常发现印在枪炮后膛的日本帝国徽章被人刮掉或被划了痕迹。有人认为这是1945年率领占领军的麦克阿瑟将军下令这么做的，也有人认为这是日本士兵为维护天皇的荣耀而划下的印记（每一杆枪，每一个士兵都“归属”日本天皇）。倘若第二种说法是真实的，人们就会看到另一个完全军事化的、传统的花朵符号——樱花。

2018年重阳节的广告海报。这一天是中国农历的九月九日；海报左上角的时间显示，2018年的重阳节是阳历的10月17日

1 也称“菊花王室”（Chrysanthemum Throne）。

现代日本将自己定义为樱花的国度，因此，春天樱花落下，在传统上象征生命的短暂，与爱国主义牺牲精神紧密相关。冈仓天心1906年为西方读者用英语写成《茶之书》(*The Book of Tea*)，他在书中用“勇敢”和“荣耀”解释“花祭”(the Flower Sacrifice)的意义。他说，樱花“不像人那样卑怯懦弱”，樱花“慷慨纵身、跃向风中”，“须臾，当它们任欢腾的流水驮负而去时，远处似乎传来它们的声音：‘春天哪，再会了！我们就要航向永恒。’”历史学家平泉澄在20世纪30年代对“日本精神”的阐释更清晰：“在紧要关头，我们需要像樱花一样为天皇而颓然落下。”这个比喻在第二次世界大战中达到高潮，日本神风特工队进行自杀式袭击，每架飞机的机身上都印着一朵粉红色的樱花。这些飞行员出发去赴死时，少女们向他们挥舞樱花的花枝。

从日本这种复杂的象征主义的视角看，1967年凯斯米尔在五角大楼前用手举起菊花的一幕，让人浮想联翩。在战争中，年轻人总是在紧要关头像樱花一样从天空坠落，他们的鲜血浸染土地，从土中长出的是虞美人花。倘若“菊花王室”可以命令年轻人赴死，那么一个女孩和她的“妈妈”也许可以阻止这样的死亡。

日本的菊花并不总是这样壮烈。19世纪50年代，日本闭

关锁国两百年之后，向世界开放贸易港口。西方许多人痴迷于日本的瓷器、和服、折叠屏风、木版画和艺妓的故事。日本的艺术风尚激发了西方人对牡丹、樱花、槭树的热爱，当然，还有对菊花的热爱。皮埃尔·洛蒂（Pierre Loti）和一个名为“菊”的妇女产生恋情，他以自身的故事为基础，创作畅销小说《菊夫人》（*Madame Chrysanthème*，1887），后经普契尼（Puccini）改编成《蝴蝶夫人》，菊花的形象在此过程中得以强化。画家、园艺家古斯塔夫·卡耶博特和克劳德·莫奈深受菊花吸引，视之为尤物。

在日本的菊花品种到达欧洲前，中国的菊花曾两度被引入欧洲。17世纪末，荷兰花园和切尔西药草园（Chelsea Physic Garden）都曾培育过几种杂交菊花。也许因为它们和本地的药用小白菊非常相像，没有受到特别的重视，于是就失传了。1789年，在广州、澳门做生意的一位商人把三种更令人喜爱的栽培品种带到法国。但是，只有“老紫菊”（Old Purple）这一个品种存活下来，并在18世纪末成为一种珍贵的展品，激发了欧洲人对这种花朵的渴望。1843年，《南京条约》的签订结束了英国向中国发起的第一次鸦片战争（见《虞美人》），伦敦园艺学会（Horticultural Society of London）派遣植物学家罗伯特·福钧（Robert Fortune）去中国温带地区采集更多植物，尤其是耐寒植物。福钧的工作基地设在繁花似锦的舟山群岛，在几百个品种和栽培品种中，他从基地带回英国的是以小花朵为亲本的蓬蓬菊花。园艺学会喜爱这

些菊花，因为它们开花足够早，是北欧在此后许多年里可以在户外种植的唯一的菊花品种。

19世纪60年代，福钧在日本发现多彩、丛生的菊花品种，着实引起了轰动。这些菊花很快在插画艺术和暖房景观中获得明星地位。丹尼斯·米勒·邦克（Dennis Miller Bunker）在1888年的一幅油画里呈现了伊莎贝拉·斯图尔特·加德纳（Isabella Stewart Gardner）在波士顿设立而后获奖的私人收藏；在这幅油画诞生的前几年，詹姆斯·蒂索（James Tissot）画了自己的暖房，画中茂盛的菊花丛中有一个年轻的女人。在蒂索的画中，茂盛的白色花朵和黄色花朵既表达女人惹人喜爱的、奢华的性感，又与之共鸣。同样，在马塞尔·普鲁斯特（Marcel Proust）的小说《在少女花影下》（*À l'ombre des jeunes filles en fleur*）里，红色、粉红和白色的菊花流露的“羞涩”烘托了奥黛特及其客厅呈现的“奇特、诡秘的奢华”。

日本的菊花在欧洲大量种植，其声名渐长，比其他菊花品种更受人喜爱。小说家H.赖德·哈格德（H. Rider Haggard）算不上菊花爱好者。他的邻居种植“大而精致”的栽培品种，并在著名的挪威菊花展览中获得二等奖，这使哈格德爱上这种“大而精致”的花朵，他甚至不让自己的园丁种植“大花朵”以免与邻居竞争。园艺作家玛格丽·菲什（Margery Fish）的丈夫沃尔特·菲什（Walter Fish）的行为更加夸张。他的园丁因“溺爱他的菊花，常常抚摸它们，竟忽

詹姆斯·蒂索，《菊花》，1874—1876年

视了园内其他花朵”。沃尔特看在眼里，对园丁勃然大怒。有一天，他拿着砍刀冲进温室，“把那些精心呵护的宝贝砍得精光，露出地皮”。

卡耶博特和莫奈思想开明。无论是温室培育的大花菊花，还是花园里耐寒的新品种菊花，既生长在他们的花园里，也出现在他们的油画里。这些菊花包括园艺师查尔斯·巴尔特（Charles Baltet）推广的“哈瓦那烟草色、角豆色、水獭皮色”，也有“铜锅色”，都是复杂的现代颜色。卡耶博特和莫奈搜集最新的栽培品种，种在花园里；他们互相通信，讨论哪些是最好的品种，可以在什么地方找到或买到。卡耶博特还设法向莫奈提供1891年巴黎园艺博览会上展出的很别致的新品种菊花。他们共同的朋友、菊花爱好者奥克塔夫·米尔博（Octave Mirbeau）还从自己广泛收藏的菊花品种中给卡耶博特送来“形状怪异、颜色美丽的”可扦插的枝条。[1]

卡耶博特和莫奈一边仔细侍弄日本栽培品种的菊花，一边饶有兴致地研究日本的花卉油画。他们发现，葛饰北斋的“大花朵”木版画体现了平面的装饰效果。他们认为，与

---

1 莫奈对菊花的痴迷和用心可见于他在南方写生时寄回的家书，信中流露出他焦灼的心情。那是1888年4月，他从法国东南部的昂蒂布写信给他的伴侣艾丽丝·霍舍德（Alice Hoschedé），托付她立刻把一批新品种的菊花迁移到蔬菜园里，“间隔要宽些，让它们能够生长；等我回来时，再把它们移植出来”。

葛饰北斋，《菊与虻》(*Chrysanthemums and Horsefly*)，
约1833—1834年。莫奈拥有一幅复制品，如今在法国吉维尼镇莫奈的故居展出

克劳德 · 莫奈，《菊花丛》(*Massif de chrysanthèmes*)，1897年

欧洲传统风俗画（genre painting）体现的静止的生命和视角相比，日本木版画是另一条动人心弦的艺术之路。卡耶博特把这种风格应用于法国中产阶层的环境里，创作《小热讷维耶花园里的菊花》（*Chrysanthemums in the Gardenat Petit Gennevilliers*，1893）时，画布的边缘内充满花朵和叶子他着力呈现一个场景的细节而不是这个场景本身。卡耶博特去世后，莫奈也许为了向自己的朋友致敬，于1897年创作了系列油画《菊花》，画中没有丝毫的花园或暖房这些背景的痕迹，仅有一个丰富的平面。莫奈尽情陶醉于颜色和质地的纯粹的油画效果，曾有一个评论家把这种风格的油画比作一张壁毯。这一系列的菊花油画表明，莫奈朝着后来近乎抽象的睡莲油画迈出了重要的一步。

多个迪安·欧班宁（Dean O'Banion）传记作者都特别说明，这个“矮小、瘸腿、满脸微笑的”帮派分子是一个热爱菊花的艺术家。可是，他喜欢汤普森冲锋枪远胜过画笔。他“对设计和颜色的眼光天生具有天赋”，20世纪20年代早期，在他从事违法贩酒的岁月里，他就能设计“有艺术品味的花饰”和“优质的”葬礼纪念碑，颇有名气。欧班宁的主要身份是芝加哥北边帮（North Side Gang）的头目。在1921年，他又在威廉·F.斯科菲尔德花店入了股。这家花店位于圣名大教堂（Holy Name Cathedral）对面，地理位置便利。从某种程度上说，花店是一个方便的前哨（大比尔·F.斯科菲尔德日复一日地处理花店大部分的生意；帮派成员在楼上聚集，讨论“酒和血”浸泡的、多达百万美元的大生意）。欧班宁为黑帮成员主持葬礼时安排奢华的鲜花仪式，他真切地为之感到自豪，他们有的是钱。

北边帮和以约翰尼·托里奥（Johnny Torrio）和阿尔·卡彭（Al Capone）为首的南边帮（South Side Gang）以及小意大利的“可怕的基纳兄弟”（terrible Gennas）有过几年行得通的合作。1924年11月，欧班宁拒绝勾销安吉洛·基纳（Angelo Genna）欠下的一笔赌债，帮派之间因而发生变故。“让西西里人见鬼去吧！”这是欧班宁漫不经心但有些愚蠢的态度，因为西西里人做出的反应就是让欧班宁去见鬼。基纳说服托里奥和卡彭派手下的人去斯科菲尔德花店佯装为迈克·默洛（Mike Merlo）的葬礼取鲜花。默洛是颇具影响力的西西里联盟（*Unione Siciliana*）的领袖，受到广泛的爱戴，葬礼上的哀悼仪式使用的鲜花价值约10万美元。斯科菲尔德和欧班宁用鲜花做了马靴、金字塔、支柱和被子，卡彭自己委托人做了价值8000美元的玫瑰雕塑。默洛的去世之所以意义重大，还有另外一个原因：他渴望维持和平，曾说服卡彭和基纳不要对欧班宁下手，但是现在默洛死了，接着就是欧班宁的末日。

警察到花店时，发现欧班宁倒在地板上，满身是子弹打穿的窟窿（有一颗子弹打碎了玻璃柜，落入展示“美国丽人”玫瑰花的橱窗里）。在他左手边几英寸的地方，有一把花卉师专用的剪刀和一些修剪好的、沾满鲜血的菊花。菊花预示长寿，这种预示到这里便终结了——欧班宁只有三十二岁。欧班宁（还有许多其他的非法酒贩子）遭到厄运之后，花店反而迎来了福气，帮派之间紧接着血雨腥风地斗争了六年，斯科菲尔德花店却在这期间蓬勃发展，生意兴隆。

黑帮的暴力和花店的业务这两者的不和谐，如同枪支和玫瑰（或樱花或菊花）之间的冲突与融合，给故事蒙上一层传奇色彩，增添了魅力。最近，美国家庭票房有线电视推出电视剧《大西洋帝国》（*Boardwalk Empire*），剧情发生在美国禁酒时期，斯科菲尔德花店在剧中出现。2018年，格拉斯哥的一个花店开业，自称是“欧班宁花店”，表明花店决心用良好的艺术品味“用鲜花轰炸”这个城市，做“苏格兰超一流的花店”。

万寿菊

万寿菊是哪个季节的花？这要看谁在提问，问的是哪一朵万寿菊。

在古罗马，万寿菊就是金盏菊（*Calendula officinalis*），全年开放。拉丁语词汇*calends*指的是古罗马历法每月的第一天，金盏菊（*Calendulas*）好像在每月的第一天都露面。在现代印度，万寿菊的名字是*Tagetes erecta*（即“非洲万寿菊”，实际上源自中美洲）。印度人种植的万寿菊几乎全年开放，春、秋两季的节日均可使用。在万寿菊的起源地墨西哥和危地马拉，万寿菊

的播种时间取决于它能否在10月底亡灵节时刚好盛开至最佳状态。在这些地方，我们至少可以肯定，万寿菊是秋天的花。

1522年，西班牙人占领了阿兹特克人的都城特诺奇提特兰城（Tenochtitlan，今天的墨西哥城），城里面积很大的花园郁郁葱葱，让西班牙人颇感震撼这里有装饰性质的皇家花园，城市周围“漂浮”的小岛（*chinampas*）[1]上还有花园农场。这里培育的许多植物中就有一种花万寿菊（*Tagetes*）他们未曾见过，且这种花有几个品种，非常漂亮。人们很快发现，这些花在阿兹特克医药和宗教中有着举足轻重的地位。事实上，医药用途和宗教用途紧密相关，因为阿兹特克人把这种植物视为人和神之间的媒介，有能力恢复人和神之间的关系。人们认为万寿菊如此有力量，可能是因为它散发醇厚的麝香气味，人们相信特别芳香的植物能特别有效地向神灵传递人的祈祷。当然，这种想法不只是阿兹特克人才有。炎热、干燥的国度里土生土长的花朵比寒冷、潮湿的北方的花朵香味更

---

1 在中美洲墨西哥谷地多湖泊的地区，土著居民为增加耕地面积，他们先在湖面下利用水草和木桩搭建围栏，再用泥土和水草填充，抬高浅湖床，直至土壤露出水面，进行耕作。这种耕作方式，有时也称为“漂浮花园”。——译者注

浓烈，因此，为宗教目的使用芳香植物或者焚香祭拜的习俗，最先在温暖的国家兴盛起来。

芳香万寿菊（*lucida*）是一种非常重要的万寿菊，用阿兹特克人的纳瓦特尔语来说，就是“*yauhtli*”。其日常用途是除虱子、治疗打嗝、缓解直肠出血，它（和其他五种草药合用）还可以治疗遭雷击的人，亦可作为护身符确保渡河人平安无事。更重要的是，芳香万寿菊可以单独或与其他活物一起用作仪式上的祭品：将芳香万寿菊的花瓣置于受害者面前，让他们感官麻木。人在类似催眠的状态中，借助芳香万寿菊接触超自然的力量。它还可以增强其他植物的致幻力量：人们抽烟、喝酒时会把它掺进黄花烟草（*Nicotiana rustica*）里或加在玉米啤酒和仙人掌汁制成的鸡尾酒里。

阿兹特克人把万寿菊称作*cempoalxochitl*（这是纳瓦特尔语的词汇，意思是“二十朵花”）。在阿兹特克人眼里，万寿菊虽有医药用途，但它主要用于编织花环，在与水、植物、火、太阳和神灵有关的仪式上使用，在纪念死者或崇拜太阳神维齐洛波奇特利（Huitzilopochtli，他也是战神和牺牲之神）的仪式上使用。据说，维齐洛波奇特利在14世纪时带领阿兹特克人离开他们的家乡阿兹特兰（Aztlan），来到特诺奇提特兰城。在墨西哥城大神庙（Templo Mayor）里，大神殿金字塔的石头浮雕向世人呈现维齐洛波奇特利的妹妹科约尔沙赫基（Coyolxauhqui）头戴的桂冠，桂冠上扁平的舌状花也许象征她的死亡。

万寿菊在西班牙语里名称是“*Cempoalxochitl*”或者

“*cempasúchil*”。万寿菊是“死者之花”（*flor de muertos*），用于亡灵节的仪式，其种植量很大。亡灵节的仪式融合了阿兹特克人的仪式和基督教在11月2日举行的万灵节（万圣节的次日）的仪式。人们用万寿菊献祭，坟墓或家里的祭坛上都摆放花朵，用花瓣铺成的小路把坟墓和祭坛连接起来：颜色固然重要，召唤灵魂的却是花朵馥郁的香味，还有经过烹饪的食物的香味以及祭品“死者之面包”的香甜味道。

19世纪刚刚独立的墨西哥正集中精力建设一个现代国家，他们常常遗忘本土的传统以及与之相关的花朵。万寿菊、百日菊、大丽菊种植在外面的公园里，而进口的桉树、菊花、

萨托尼诺·赫兰（Saturnino Herrán），《祭品》（*La ofrenda*），1913年

紫罗兰则种植在自家的花园里。作家何塞·托马斯·德·奎利亚尔（José Tomás de Cuéllar）写道，“烛光下，那个不苟言笑、沉默的印第安人站在一堆万寿菊和加糖的面包前，两只燃烧的蜡烛上笼罩氤氲的香气”，这个形象说明通往“进步之路”可能有多远。他并不介意那些“单纯的混血儿”忠诚于“这片土地上最丑、最难闻的花朵”；让他有些担忧的是精英群体里“最有教养的人”也决不放弃这些仪式。

在1910到1920年的革命前后，墨西哥人对西班牙人统治之前的民族传统更感兴趣，他们在革命中支持“本土情感”，视之为独特的民族文化的根基。例如，萨托尼诺·赫兰（Saturnino Herrán）的油画《祭品》（1913）就刻画了平底船上一个土著家庭，他们从“漂浮”的小岛装载一船万寿菊去出售，作为亡灵节的祭品。这幅画纵然是欧洲风格，其主题却是墨西哥的，因此，赫兰算得上是画家迭戈·里维拉和弗里达·卡罗（Frida Kahlo）的先驱者。里维拉的画作呈现了努力工作的卖花者（见《百合花》），卡罗在许多自画像里都画了花朵，她也创作了满是花朵的静物画。卡罗在墨西哥城郊区自己的花园里精心种植当地的植物，极尽奢侈地用它们装饰自己的衣服、头发，在油画里尽情呈现花朵。橙色万寿菊颜色明亮，有强大的装饰作用，但是，卡罗认为这些花让人想到死亡，这样的念头在卡罗的作品里随处可见。

万寿菊起源于墨西哥，可我们今天最熟悉的反而是非洲万寿菊、法国万寿菊，这着实显得奇怪。这主要归因于万寿菊进入欧洲的路线杂乱无章，或者至少归因于欧洲人糊涂的意识。

发现非洲的万寿菊，这是另一个帝国实施征服的副产品。1535年，查理五世攻占奥斯曼帝国的突尼斯城。士兵采集他们认为当地土生的植物，而这些植物事实上早些年是由西班牙修道士引入非洲，尔后走出基督教修道院开始在非洲这个异域环境中生长。然而，人们忘却了这中间的环节，于是自豪地把这种抢眼的"非洲花朵的"种子运回欧洲，与另外一种源头混乱的植物[1]一起在欧洲大多数花园和草药文献里占据一席之地。人们把"法国万寿菊"的国籍定位在法国，也许源于它和胡格诺派[2]难民有千丝万缕的联系，是他们在16世纪70年代把这种植物从法国带到英国的。[3]

葡萄牙殖民者又向前迈进了一步，使万寿菊的两个品种在印度西部扎根、生长。经过特别改良的万寿菊的栽培品种成为印度主要的开花农作物，因为人们要制作花环，万寿菊（其在印度的名字是*genda*，*sayapatri*和*banthi*）的需求量非

1 即"法国万寿菊"（*T.patula*），一朵花既有红色花瓣又有金色花瓣。

2 胡格诺派教徒是16、17世纪法国的基督教新教信徒。成千上万的胡格诺教徒因受天主教的迫害而逃离法国。在英、美等国避难的胡格诺派教徒有许多人都获得了成功，特别是在银行业和纺织业领域卓有成就。——译者注

3 然而，依据人们对万寿菊香味的推测，大多数草药专家都坚持认为，万寿菊源自更早的一种进口植物，即罗马人引进的金盏菊（*Calendula officinalis*）。

常大。无论是在迎客、婚礼还是宗教仪式上，万寿菊花环与芒果叶子、茉莉花、红木槿交错摆放，在这些正式与非正式的庆典中扮演着重要角色，因此，许多人认为万寿菊和印度人广泛使用的另一种美洲植物（辣椒）一样，都是土生土长的。万寿菊不仅是印度古吉拉特邦的邦花，也是指代印度的一种最便捷的方式。这体现在最近两部描述西方人爱上印度的电影名最中——《万寿菊》（*Marigold*，2007）;《异域最佳的万寿菊酒店》（*The Best Exotic Marigold Hotel*，2012）。

印度移民的社区很难种植大量鲜花，但是他们依然用万寿菊庆祝节日，只是常常借助纸或塑料制作的花环。在特立尼达，印度移民依然载歌载舞庆祝“万寿菊盛开的季节”，以此来欢迎五颜六色的春分节——胡里节。然而，在新英格兰，一切都是静默的，至少小说家裘帕·拉希莉（Jhumpa Lahiri）这样认为。在她的小说《同名之人》（*The Namesake*, 2003）中，印度西孟加拉邦的一对夫妇移民美国后生育了两个孩子，在他们年少时，父母把他们“拖拽”到一个租来的大厅里参加秋天的盛典，纪念印度教女神杜伽（Durga）。两位少年抱怨说，“把万寿菊的花瓣撒向用硬纸板做的女神像”，同时又期盼圣诞节的“号角花彩”，这简直太无聊了。

即使在印度，并非每个人都喜欢万寿菊花环。政治性的群众集会之后，会场上留下成堆的花朵，它们会逐渐腐烂。圣雄甘地认为这些花环造成了浪费，因此，他鼓励人们将家纺的纱线编织成花环。（见《棉花》）贾瓦哈拉尔·尼赫

鲁（Jawaharlal Nehru）曾被很重的花环击中眼部，之后他建议可以用一朵花来代替花环。英迪拉·甘地（Indira Gandhi）对万寿菊过敏，她吩咐工作人员让这种花朵离她越远越好。1984年，英迪拉·甘地遭到暗杀，人们忘记了这件事，把一堆又一堆的万寿菊摆放在她弹痕累累的躯体上。五年后，她的儿子拉吉夫·甘地（Rajiv Gandhi）也遭到暗杀，靠近拉吉夫·甘地的恐怖袭击者当时身上戴着花环。

万寿菊的颜色有宗教含义（见《藏红花》），它色彩明亮、绚烂，在印度及世界许多其他地方又是颇受欢迎的花园植物。

19世纪的英国，花卉大规模生产（廉价的温室）和销售（全国铁路网）的新技术造就了花坛种植技艺，这些技艺反过来也体现了新技术的魅力。然而，19世纪英国最初的花坛设计并不包括万寿菊。当时的花坛设计追求视觉效果最佳化，依赖于花朵鲜艳的颜色：红色的天竺葵，蓝色的半边莲，黄色的则是另一种进口植物荷包花（*Calceolaria rugosa*）。万寿菊遭到放逐，在蔬菜园子里生长，它那浓郁的香味驱赶危害农作物的线虫，保护番茄和土豆。

爱德华七世时代的园艺师格特鲁德·杰基尔（Gertrude Jekyll）提倡种植非洲万寿菊和法国万寿菊，颇为令人惊讶。

她仿佛是一位油画大师，强调“智慧地结合”两种植物，她的思想至今依然主宰着花园植物的种植风格。杰基尔和自己的导师威廉·罗宾逊（William Robinson）在园艺中融入反工业化的美术与工艺精神。她在罗宾逊创立的周刊《花园》（*The Garden*）中发表了许多文章，在罗宾逊颇具影响力的著作《英国的花园》（*The English Flower Garden*, 1883）中也撰写了一个章节，专门论述颜色。她和罗宾逊一样，常常把园艺描述为“画油画”。不同的是，她并不认为鲜亮的颜色就俗气或“张狂”。杰基尔特别说道，游客看到她花园中的花坛植物时，“不是一次而是许多次”“表达无限的惊奇”。她相信，只要正确使用（这是骄傲的口头禅），没有哪种植物和颜色应当遭到摒弃。杰基尔最有名的设计是“颜色河”：长长的河岸依照色彩光谱逐渐延伸。她还把一些常年生的花坛植物搬进自己的花园，包括她从巴尔和桑斯公司（Messrs Barr and Sons）购买的万寿菊，有“淡黄”“柠檬黄”和“亮橙”三种颜色。有一种设计把万寿菊和半耐寒的菊花以及旱金莲组合在一起，显示“收敛的色彩”比“有意对比或者恣意混杂”的色彩更有优势。今天的花坛可设计出更多形状和颜色，因此，无论是放任不羁的还是精明灵巧的园艺师，都会把万寿菊引入他们的花坛。

现代植物的培育，许多方法依旧和过去一样：一个品种和另一个品种杂交，获得更优质的（当然主要依赖培育目标：体积、颜色、抗病能力等）下一代，然后，进行试验，测试。但是，也可能会出现变化或者变异；变异有时候自然出现（16、

17世纪的园艺师废寝忘食地关注“芽变”或“突变”)，更多的时候要借助一点化学制品，甚至需要电磁照射。海伦·安娜·柯里（Helen Anne Curry）研究20世纪早期人们对“有序进化”所做的尝试。柯里在研究中特别指出，在二十世纪二三十年代，有人把一些种子带到加利福尼亚大学的辐射实验室，“希望引起某些变异，通过筛选，实现进一步的改良”。棉花、甘蔗、玉米和万寿菊的种子都曾进过辐射实验室。

万寿菊出现在接受辐射的名单上，这在很大程度上得益于创业先锋戴维·伯比（David Burpee）付出的努力。根据伯比的自我描述，他受到两个传奇人物的启发：一位是花卉栽培者卢瑟·伯班克（Luther Burbank，伯比买下了他的种子银行）；另一位是伟大的马戏团演出经理人菲尼亚斯·T.巴纳姆[1]。伯比于1915年接管父亲的种子公司之后，他意识到市场对装饰性花朵的需求量日渐增长，开始培育香豌豆、百日菊和菊花。人们对他了解最多的是，在美国，他是万寿菊最主要的培育者和推广者（培育后的万寿菊，有许多貌似其他花朵，比如：毛茛、水仙、康乃馨、菊花和牡丹）。即使在20世纪30年代“大经济危机”时期，伯比也知道他的客户愿意购买与众不同的花朵，“让大自然母亲震惊”的花朵。他

1 菲尼亚斯·T. 巴纳姆（Phineas T. Barnum, 1810—1891）是美国马戏团经理人，他把自己的巡演马戏团命名为“地球上最精彩的演出”，以主办耸人听闻的游艺节目和奇人怪物展览而闻名。——译者注

使用具有加倍染色体的复合秋水仙素（从秋水仙里提取的）做实验，于是，1939年就诞生了“大花万寿菊”（Giant Tetra Marigold）。1942年，伯比倡导“金光菊”（Glowing Gold）、“橙色绒毛菊”（Orange Fluffy）的种植，这两种植物后来成为“X射线双生菊”（X-Ray Twins）而闻名遐迩。

这当然发生在前原子时代。在20世纪五六十年代，万寿菊的种植者依然对新的栽培品种保持旺盛的热情（伯比1962年推出“月中人”Man in the Moon，后来又推出“月球上的人”Man *on* the Moon），但是，科幻故事的写作者痴迷于“创造性的生物干预”：约翰·温德姆（John Wyndham）的三脚树[1]，《恐怖小店》（*The Little Shop of Horrors*）中吃肉的植物奥德丽（Audrey），等等。保罗·津德尔获奖的家庭情节剧《伽马射线效应》（*The Effect of Gamma Rays on Man-in-the-Moon Marigolds*，1964）描述了一个种植万寿菊的学校项目，将万寿菊的种子曝露于化学元素钴60，接受辐射。剧中的少女在科学竞赛中讲述了这种新科技“诡异而美丽”的可能性，演说令人心潮澎湃，少女获得科学奖励。然而，她的母亲却怀疑这些“原子花朵”会让她全家都失去生育能力，这种怀疑萦绕心头，挥之不去。

1　三脚树是英国作家约翰·温德姆在科幻小说《三脚树时代》（*The Day of the Triffids*，1951）中假想的一种植物，有毒刺，能行走，危害人类。——译者注

伯比没有这种忧虑。他从1959年开始请议员埃弗里特·德克森（Everett Dirksen）去游说，希望把万寿菊定为美国国花。万寿菊是美洲土生的植物，容易生长（因而是大众化的），最重要的是，它象征美国（和他自己）依靠科学和技术的进步为繁荣富强的未来而不懈努力。德克森竭尽全力地拥护、提倡这朵花，他在极尽浮夸的演说中说，万寿菊“生机勃勃如水仙，多彩如玫瑰，坚毅如百日菊，娇美如康乃馨，进取如矮牵牛，倨傲不逊如菊花，无处不在如紫罗兰，庄严隆重如啮龙花”。面对那些以同样的热情支持梾木、耧斗菜、紫菀、玉米穗和玫瑰的人，德克森极力批驳他们。1986年，玫瑰最后获胜。（在保加利亚、罗马尼亚、斯洛伐克、卢森堡、捷克共和国、马尔代夫和英格兰，玫瑰都是获胜的花朵。）

1970年百老汇将保罗·津德尔（Paul Zindel）的家庭情节剧《伽马射线效应》搬上银幕，帕梅拉·佩顿-赖特（Pamela Payton-Wright）在剧中饰演蒂莉

1940年，戴维·伯比手持一朵自己培育的万寿菊为骆驼牌香烟做广告

然而，美国参议院绝不是伯比唯一的目标。1954年，他举办了一次竞赛，实乃宣传噱头：他寻找万寿菊种子，花朵要能和“月中人”媲美。第一个送给他这样种子的人即可获得一万美元奖励。“月中人”万寿菊的头状花序直径至少2.5英寸，颜色和“暴雪”矮牵牛花一样洁白无瑕。岁月流逝，伯比时常重复这一挑战，报纸也适时报道说，他“依然在寻觅”。（在这期间，骆驼牌香烟利用他持久的耐心，让他为缓慢燃烧的香烟做广告。）有些人寄种子给他，表明育种上取得的“长足的进步”，伯比就给这些人一百美元的奖励，同时，伯比也销售了大量的奶油色花朵和象牙色花朵的种子。一直到1975年，才有人中头奖，获奖者是艾奥瓦州名为艾丽斯·冯克（Alice Vonk）的一位年长的农民。“我过去一直

在种子目录里寻找我能找到的最大花朵的黄色万寿菊，”她对《人物》（*People*）杂志说，“我让那些颜色最淡的花朵留下种子，然后收集起来。”她把种子寄给了伯比公司。植物学家向她咨询成功的秘诀时，她向他们保证说，上帝“依然在掌管”。

虞美人

鲜红的虞美人（*Papaver rhoeas*）无法言喻内涵。数不清的作家为描述这朵花的颜色、质地、氛围而借助各种比喻，为什么会这样呢？

约翰·拉斯金认为，虞美人是“花卉特征最明显的”花朵，然后把它和各种其他事物进行对比。虞美人花瓣精致，让他想起红色的杯子、一团火焰、一块红宝石、“从天堂的圣坛上跌落的一块燃烧的红炭”、油漆玻璃（“阳光穿透它，它就熠熠生辉”）。虞美人本质上颜色鲜亮，且散发荧光，这一

主要特征吸引了莫奈等印象派画家。虞美人慢慢张开的花瓣让拉斯金颇为感动，让他想起一块丝绸“压成上百万个无形的皱褶”，然后缓缓松开。“受压迫的花冠遇见阳光就竭尽全力自我安慰，自我伸展，”拉斯金说道，“然而，受压的伤痕一直可见，直到生命终结的一天。”一度想成为画家的杰勒德·曼利·霍普金斯生动地描绘“虞美人如压皱的丝绸，璀璨夺目”，但他接着想，这样的效果是否更像“刀口喷涌而出的血”或者“迸发的一团火焰”？血和火焰也出现在西尔维娅·普拉思（Sylvia Plath）描述的虞美人的形象里：“血染的小裙子”“血染的嘴唇”“小小的地狱的火焰”。然而，在安娜·苏厄德看来，虞美人更像“松垂的背心，狂风大作时，它随风飘动，前襟后背轮流缠绕你的头”。衣衫飘动，这在英语方言里相当常见。比如：在萨默塞特郡和肯特郡，虞美人是红色的，是“老妇人的衬裙”。然而，在贝里克郡，虞美人是“公鸡的鸡冠”；在康沃尔郡，虞美人是“魔鬼的舌头”（即红辣椒）。理查德·梅比写道，在一英里处看一片虞美人，这块地仿佛是“碾碎的落日”。

虞美人逐渐变成人们细致审美的观察对象。然而，它最初只是“芜生蔓长的”草，是“染了枝枯病的玫瑰”。乔治·克雷布（George Crabbe）住在萨福克郡奥尔德堡（Aldeburgh）小镇，他写下自己家附近虞美人对“枯萎的黑麦”产生的影响。农民们处理蓝蓟（*Echium vulgare*）和满身是刺的大鳍蓟之后，虞美人依然伫立，微微“摇头”，“讽刺劳动蕴含的希望”。在北安普敦郡的田野里工作的约翰·克莱尔，在播种前最先铲除的杂草就是这种“香得发腻的”虞美人（又称“头疼草”）。在北安普敦郡这种猩红色花朵还有一个旧名——“虞美人儿”（pope），农民把除草说成“拜访虞美人儿”[1]。

虞美人分布甚广，难以确定它的源头。虞美人好像起源于一万两千年前横贯叙利亚、土耳其南部和伊拉克北部绵延无垠的山脉中，是那里农业发展的一个成果。安德鲁·拉克（Andrew Lack）指出，一万两千年“就一个植物种类的生命来说，算不上特别漫长”。这个地区有几种紧密相关的物种，事实证明，虞美人特别具有活力，极易适应不同的条件。它不像其他植物那样自株传粉，而是靠昆虫传粉。虞美人在向北迁移的过程中，自身产生了红色花朵少有的特性它的色素反射紫外线，因此，蜜蜂能看见花朵。虞美人授粉后，结出大量籽实，极大地提高了繁殖概率。种子穗干枯时，花冠下炸开许多小洞，黑色细小的种子颗粒随风散播在离母株两米以外的地方。[2]一个果囊包裹一千多个籽粒，一颗植株一个季

---

1 “拜访虞美人儿”（going a poping）是北安普敦郡地方用语，“poping”源自“虞美人”英文词汇“poppy”。据《北安普敦郡词汇和短语汇编》一书记载，除草的农民去农田把虞美人当作杂草进行清除，此时他们常说“我们去拜访虞美人儿”。（We’re going a poping.）参见（Baker, Anne Elizabeth.1854. *Glossary of Northamptonshire Words and Phrases.* London: J.R. Smith. P129.——译者注

2 科莉特（Colette）发现种子穗的这种天然设计非常神奇，她因此想：胡椒瓶的生产商为何没有领会这其中的原理呢？

节就结出三十万粒种子。无论人们多么坚持不懈地除草，火焰、丝绸、红宝石、炭火和落日依然一代接一代地诞生。

然而，虞美人的种子会进入休眠状态，等待复活的最佳时刻，有时要等几十年。虞美人有顽强的生命力，它因此是一个强有力的符号，象征经历战争洗礼的生命。欧洲历史上大多数战争都在夏天的农场上发生，人们很容易将鲜血淋漓的躯体和田野里鲜红的花朵联系在一起。我们记不起这种联系究竟源自哪个时代、已持续了多久。至少在英国，第一次世界大战使这种联系根深蒂固。在《罗兰之歌》（*Chanson de Roland*，约1100年）里，查理曼的侄子曾在比利牛斯山脉的草原上和“异教徒”交战。查理曼走进亲爱的侄子战死的这片草地时，惊奇地发现如此多的鲜艳的花朵，那是“血染的红色”。荷马在《伊利亚特》中呈现了特洛伊战争，他精彩地描绘国王普里阿摩斯的儿子戈耳古提翁（Gorgythion）的死亡，颇有导演佩金帕（Peckinpah）拍摄电影的风格，气势壮丽恢弘。戈耳古提翁被射向赫克托耳的箭击中而身亡。他死了，“仿佛花园里的虞美人，绽放红色的花朵，因负重而垂下头”。

因头盔的重压，

戈耳古提翁的头无力地倒在肩上；

如承受沉甸甸籽粒的虞美人，

突遇春天的暴雨，

头向一边垂下。

当然，许多文化用其他花朵比喻战争中的死亡。阿兹特克人把战士比作“跳舞的花朵”，把他们的鲜血比作“花水”，花水溢出，蝴蝶或歌唱的小鸟以最优质的花朵为食，花朵便获得天赐的新生命。在20世纪日本的“花祭”理念中，樱花和年轻的战斗机飞行员共同经历“花祭”，唤起的情感是天空而不是土地。所有这些比喻经久不衰，因为人们相信战争是天意，士兵短暂的生命如同花朵短暂的生命，花殒人亡，新生命得以诞生。这样的阐释赐予人安慰的力量。民谣歌手皮特·西格（Pete Seeger）提出一个问题:“花落何方？”他饱含悲伤地问:“他们何时汲取教训？”

虞美人承载着上述的联想进入第一次世界大战，事实上，它还有许多其他的含义。第一个含义是“不敢说出名字的爱”：阿尔弗雷德·道格拉斯勋爵（Lord Alfred Douglas）将这种爱拟作一个俊美的年轻人，他“苍白的”面颊如同“白色的百合花”，他的嘴唇“红润，如同虞美人”。第二个含义是生机论者的概念：个人和民族的复兴都需要极端的（常常达到致命的程度）经历，劳伦斯把这种“生命的最大化”比作生机盎然、生命短暂的虞美人。在劳伦斯笔下，虞美人“无所顾忌、不知羞耻”，它“鲜红的”生命英勇无畏，有男子汉气概。他认为，宁可“做一根草”，也不可做“女人似的”百合花。百合花总是谨小慎微地把球茎这个“储藏室”埋在地下！更不能做一颗卷心菜，总把自己的心包裹在“自我保护的”叶子里！劳伦斯坚持认为:“这个世界因为虞美人的红

色而成为一个世界，否则它就是一堆土。”

虞美人的传说蕴含的生机论和同性恋的联想，人们大多已经忘记。但是，这些联想已融入虞美人与第一次世界大战割不断的联系。《我们不会安息》（*We Shall Not Sleep*）这首诗促使虞美人成为英国军事纪念活动的主要标志。这个故事开始于1915年5月，加拿大士兵亚力克西斯·赫尔默（Alexis Helmer）在伊普尔（Ypres）的第二次战斗中阵亡，好友约翰·麦克雷（John McCrae）在他的葬礼之后随即赋诗一首。同年12月，《我们不会安息》发表于《笨拙》杂志。此后，这首诗不计其数地重印，是第一次世界大战期间最受欢迎的一首诗。麦克雷在诗中的确表达了爱、荣耀和怀念，但是这首诗也是毫不掩饰的宣传工具，其宣传意图不言自明：希望美国参战。诗的开头是一片田园风光：“在佛兰德斯战场，虞美人花随风飘荡/一行又一行，绽放在死者的十字架旁。”然而，这首诗很快发出严肃的号召：“接替我们，继续和敌人战斗。”诗中暗示，死者只有知道其他人持守“信念”、维护战争的军事理想，他们方能“安息”。

1918年11月，在第一次世界大战停战协议签署前的两天，美国大学教授莫伊娜·迈克尔（Moina Michael）在《妇女家庭杂志》（*Ladies' Home Journal*）的外科手术器械广告里看到了麦克雷的这首诗。迈克尔于1914年去过法国，此时她正在纽约培训基督教女青年会即将出国的志愿者。这首诗，她早已谙熟，但是此次看见它与菲利普·莱福德（Philip

Lyford）震撼人心的油画（士兵从虞美人田地里升上天堂）并排出现，她所受的感动从情感升华为行动。她做诗一首，发誓要牢记“虞美人之红色”，并穿戴于身，也说服他人穿戴在身上，以“纪念我们的逝者”。她搜遍纽约，寻找丝绸做的虞美人花朵（沃纳梅克百货商店有一些），“虞美人运动”骤然升级。1920年，迈克尔说服美国军团（即美国退伍军人协会）用虞美人作纪念符号，此时，运动有了突破性进展。

这一思潮途经法国，更确切地说，是经过安娜·盖兰（Anna Guérin）抵达英国。盖兰是一位意志坚定的活动家，她在亚特兰大为美法儿童联盟（American-French Children's League）筹集资金时邂逅了虞美人。她以筹款人的敏锐眼光，立刻意识到虞美人在筹款上的潜力。1921年，她来到伦敦，与英国皇家军团的主席、陆军元帅道格拉斯·黑格（Douglas Haig）讨论自己的想法，并说服黑格购买一百万朵棉布制作的虞美人。于是那年11月，盖兰筹款10.6万英镑（相当于今天的300万英镑）。英国皇家军团一发不可收拾，同时，曾派兵在法国作战的许多英联邦国家（加拿大、南非、新西兰和澳大利亚）也选用虞美人这个纪念符号。

红色虞美人无处不在，但它一直引发争议。法国老兵最初喜欢另一种田野植物矢车菊（*bluet*），这种花是穿蓝色制服的入伍者的绰号。紧接着出现一个问题：人们用花朵纪念的究竟是什么？1933年，英国妇女合作协会（British Women's Co-operative Guild）担心纪念仪式变成军国主义的庆祝活动，于是

最初的虞美人纪念花朵。在法国用棉布制作，1921年被出售给英国军团

菲利普·莱福德为“我们不会安息”这首诗所作的油画首次刊登于1918年11月的《妇女家庭杂志》，出现在鲍尔和布莱克外科手术器械公司（Bauer and Black）刊登的一则广告里。一个月后，E.E.坦纳（E. E. Tanner）把这幅画选作自己给约翰·麦克雷的诗所谱曲子的背景封面

制作白色的虞美人，表明“战争决不可再次发生”，和平宣誓同盟（Peace Pledge Union）也支持这种想法，并加以推广。近些年，出现了其他颜色的虞美人。有人关注“战争中受伤害的动物”而出售粉红色的虞美人徽章。有一家慈善机构则用一个粉红色的动物爪子，向世人说明，人们正在铭记的不是自愿的牺牲，而是“剥削”。从2010年开始，“黑色虞美人玫瑰”（Black Poppy Rose）运动一直认可“自16世纪以来非洲/黑人/加勒比海地区/太平洋岛屿各社区在各种战争中所做的贡献”。

世界各处引进其他种类的虞美人，红色花朵这一“参考框架”渐渐地遭到质疑。北爱尔兰志愿军（Ulster Volunteer

Force）是信仰新教的一个军事辅助团体，它是依照参与索姆河战役的北爱尔兰志愿兵团来塑造自己的。1966年，北爱尔兰志愿军采用虞美人作为标志，虞美人花朵旁边常常是橙色的百合花装饰（见《百合花》）。因此，阵亡将士纪念日（Remembrance Day）成了爱尔兰共和军的一个目标，这几乎不可避免。1987年，爱尔兰共和军在恩尼斯基伦（Enniskillen）发起的"阵亡将士大屠杀纪念日"中，有12人罹难。贝尔法斯特的诗人迈克尔·朗利（Michael Longley）说道，这次炸弹袭击的结果是人们"在虞美人上又加了更多的虞美人"，鲜血淋漓的伤口上又多了鲜血淋漓的伤口。

近几年的纪念活动越来越具有独特性，不过，我们也看到一种普遍性虞美人不仅代表阵亡的将士，也代表他们为之捐躯的国家。为了纪念波兰第二军攻打德国据点时牺牲的将士，费利克斯·科纳斯基（Feliks Konarski）于1944年创作的《卡西诺山的红色虞美人》（*The Red Poppies on Monte Cassino*）这首歌真切表达了这一思想。歌曲开头说，滋润虞美人的是"波兰人的鲜血而不是露珠"，结尾再次激发了爱国热情。在卡西诺山牺牲的许多将士和他们的领袖安德斯将军（General Anders）一样，以前都是苏联的罪犯。这首歌坚持认为，"自由是用十字架衡量的"，自由离不开波兰独立之希望以及纳粹之溃败。

在英国，有些人深信穆斯林妇女应当使用自己的头巾"抵抗极端分子"，因此，虞美人近年已经升华为国家的一个

标志。2014年,《太阳报》建议人们把英国国旗当作头巾戴在头上。此后,《每日邮报》则建议人们佩戴虞美人。看来,花朵不可能脱离战争的象征意义。

虞美人与战争的联系与其说还没有结束，倒不如说因为它象征着纪念，这种联系才刚刚开始。几个世纪以来，受伤将士的痛苦因这朵花而得以抚慰，更确切地说，许多有效的，甚至让人上瘾的止痛片是从这种花的“汁液”里提取的。人类对这种止痛片的需求量如此之大，为了得到货源，一直没有停止过战斗。

虞美人和罂粟这两种花常常混在一起。但是，我现在说的不再是红色的虞美人（*Papaver rhoeas*）[1]，我说的是罂粟（*Papaver somniferum*），那种白色或粉红色的生机勃勃的大花

---

1 虞美人和罂粟是同科同属植物，亲缘关系近，但植物形态和特性不同。虞美人的茎为青绿色，较细，有绒毛，梢头有些弯曲；罂粟的茎颜色粉绿，稍粗，光滑无毛。虞美人主要为观赏植物，罂粟有药用价值，用于制作麻醉药品。本章前面作者一直讨论的是“虞美人”（植物学名“*Papaver rhoeas*”，英语名corn poppy 或poppy），但是在本章最后一节转移到罂粟（*Papaver somniferum*，英语名opium poppy或poppy）。在文学、文化、语言领域，时有两者混淆的现象，尤其在英语中，人们在提到虞美人和罂粟时都可能使用poppy一词，但必须说明这是两种不同的植物。——译者注

朵有“催眠”功能、臭名昭著的鸦片罂粟花。约翰·济慈在他的《秋颂》（*To Autumn*）里把这两种花混在一起，他想象着秋天“虞美人的香雾”弥漫在“收割一半的田垄”里。小说家弗兰克·鲍姆（Frank Baum）做法更加夸张，《绿野仙踪》（1900）里多萝西和她的狗在繁花盛开的草地上因鼻子吸入“辛辣的香味”而陷入睡眠。当胆小的狮子想勇敢地搭救多萝西时，却因为花朵的香味“太浓烈”，它也受不了。最后，非“肉身”、不受影响的稻草人和锡樵夫争分夺秒地拯救了多萝西。事实上，虞美人仅含有微量的温和的镇静成分——丽春花定碱（rhoeadine），任何在草地上行走的人不会因它而睡着。

96 THE WONDERFUL WIZARD OF OZ.

"I'm sorry," said the Scarecrow; "the Lion was a very good comrade for one so cowardly. But let us go on."

They carried the sleeping girl to a pretty spot beside the river, far enough from the poppy field to prevent her breathing any more of the poison of the flowers, and here they laid her gently on the soft grass and waited for the fresh breeze to waken her.

丹斯洛（W.W. Denslow）为弗兰克·鲍姆的《绿野仙踪》（1900）创作的插画

即使满地是鸦片罂粟，也相当无害，因为要得到那宝贵的镇静剂需要人付出大量劳动。传统的萃取方法是：先用一个锋利的薄刀片划开未成熟的籽荚（在几天的工作流程中划开籽荚三四次），奶状的浆液“珠儿”从切口渗出，凝结成黏稠的分泌物，然后刮掉这种分泌物，晾干。1公顷罂粟一年内可生产12公斤鸦片。现在，世界最主要的鸦片生产国是阿富汗。在2000年，塔利班禁止罂粟种植，但是，在2001年，进入阿富汗的英美部队打败了塔利班，人们恢复了罂粟种植。一些土地是空袭的目标，媒体上常见美国和盟军的部队给罂粟打农药或收获罂粟的照片。盟军主要依靠农民和政府的资助者干预这种利润丰厚的植物。2001年美军侵入阿富汗时，其罂粟种植面积是近740平方公里，到了2017年，超过3200平方公里。

生鸦片含有三种生物碱——吗啡、可待因和蒂巴因，这些生物碱可精炼为效果更强的药剂，即鸦片制剂。鸦片制剂中最有名的是近代在阿富汗秘密实验室里研制的毒品——海洛因（heroin）。“海洛因”这个名字是1897年命名的，源自它的烈性药效。起初它被当作一种不致瘾的吗啡替代品出售。接下来，出现了许多合成的、半合成的麻醉剂，包括美沙酮、杜冷丁、羟考酮，这些是现代麻醉剂泛滥的核心药品。仅在2017年，美国就有4.7万人死于过量使用麻醉剂，其中40%是处方药。

几千年来，鸦片是可怜人的安慰剂。它与睡神和死神紧密相关，古代每一种医药文献都会为任何一种可以想象的病情推荐使用蒸汽、栓剂、粉末、泥敷剂、糖浆、酊剂等各种形式的鸦片。16世纪时，鸦片可溶于酒精或用香料使其变甜，于是，它就成了鸦片酊（laudanum，这个词的意思是“值得赞美”）。亚历山大·汉密尔顿（Alexander Hamilton）在决斗中遭到阿伦·伯尔（Aaron Burr）枪击之后使用了一些鸦片酊。塞缪尔·泰勒·柯勒律治（Samuel Taylor Coleridge）在得了黄疸病和风湿热之后经常使用鸦片酊。汉密尔顿死了，而柯勒律治对鸦片酊上瘾了。没过多久，用鸦片酊来消遣的托马斯·德·昆西（Thomas De Quincey）就撰写了他的第一部痛苦回忆录《一个吸食鸦片的英国人的自白》（*Confessions of an English Opium-Eater*, 1821）。然而，19世纪典型的瘾君子是一个中产阶层的中年白人妇女，她罹患慢性病，还有美国南北战争时期的一个老兵，他受了重伤，并在营地感染了痢疾，因而接受了大量的吗啡针剂。南北战争时期，仅联邦部队就接受了将近1000万粒鸦片药丸、300万盎司的酊剂和粉末。

19世纪末，医学仍在使用麻醉剂，但是麻醉剂越来越多地和“颓废”“堕落”等其他概念有紧密联系。阿拉伯商人把鸦片带到中国的时间是在公元8世纪，过了将近一千年，中国人才开始流行吸鸦片。鸦片贸易后来得以禁止，但是，毒品继续流入中国。英国人要把在印度种植的鸦片卖给中国，以换取中国的茶叶、丝绸和瓷器。中国人截获大量的鸦片并

付之一炬，第一次鸦片战争随之爆发，其结果是香港沦为英国的殖民地，英国恢复与中国的贸易，英国的“植物猎人”开始在中国活动（见《菊花》）。到了19世纪60年代，中国对鸦片的需求量极大，于是开始自己种植罂粟。

在伦敦和旧金山的鸦片馆里，很少有人谈论这段历史。19世纪末，鸦片馆萦绕着道德恐慌，只是让人恐慌的往往是别的事情：种族、性、民族地位。阿瑟·柯南·道尔笔下的华生医生到鸦片馆找一个朋友，他感到自己走进了“一条移民船的艏楼”。面色苍白、瞳孔极小的男人或耷拉着眼皮的“吸毒者”，让来访者无法抗拒对其进行各种可能的想象。后来，类鸦片（opioid）的使用者常常是工人阶层依赖海洛因的“瘾君子”，而鸦片过去的光环一直存在。今天我们依然愿意打开喷漆瓶装的伊夫·圣罗兰“鸦片”牌子的香水，然后深吸一口气，感受它由茉莉花、玫瑰和康乃馨混合成的“东方的刺激性的”味道。当然，我们知道，这款“鸦片”香水根本不含罂粟。

WINTER

Winter

冷酷的季节

——托马斯·萨克维尔（Thomas Sackville）《冬天》（*Winter*）

……每个季节对你都是美好的

——塞缪尔·泰勒·柯勒律治《午夜霜》（*Frost at Midnight*）

冬季是气候变化的受害者。近年来，我们明显看到霜冻来得迟，结束得早，在冬季出现的频率降低。第一朵花开，第一次授粉都比以往早，在北方生活的人可以种植，甚至整个冬季都可以种植他们从未考虑过的植物。据2016年美国国家环境保护局报道，自20世纪伊始，美国的种植季节延长了两周，而且在过去三十年，种植季节延长的幅度尤其大。所有这一切对园艺工作者和农民来说都极为有利。比如，在我的花园里，1月常常能看到去年夏天的鼠尾草花、玫瑰花和即将来临的春季的报春花、番红花，争奇斗艳。种植季节延长，实际影响更加复杂。花开得早，有时会突然遭遇霜冻；夏季变长意味着干旱的概率加重；以前寒冷天气可以消灭的病虫害，如今却可以存活而且兴旺；互相依赖的各个物种对环境信号反应各异，脆弱的生态系统遭到威胁。

我们回想过去“名副其实”的冬季，很容易对冰雪产生怀旧情绪。但是，冬天的历史充满不适，人们会彻头彻尾地抗拒冬天。我们竭力否认冬季的到来，其中一个方式就是培育其它季节的花朵。本书记录了许多不合节令的花朵4月的百合花和康乃馨，7月的菊花。但是，冬天是最原始的动力，它驱使人们去改变一种植物的开花季节。在19世纪，铁路网的发展让人们有可能把早开的紫罗兰运送给北方的客户，而今天，肯尼亚和哥伦比亚在2月就把夏天的玫瑰通过空运供应给世界各地。

反常是目的，费事是意图。正如一首老歌说，我们想要“一朵冬天的玫瑰/就在它难以找到时”就因为很难找到！

人们偏爱不合时令的花朵，这种现象至少可追溯至罗马人，他们在冬季把成千上万朵玫瑰花和水仙花运回家，同时开发了增温系统加速花朵的绽放。古罗马警句诗人马提雅尔（Martial）赞扬古罗马皇帝图密善（Caesar Domitian）的“非自然的花环”，并向他致敬。普通的玫瑰只是“春天的标志”，但是图密善用冬天的玫瑰炫耀他的影响和“权力”。即使在那时，也并非每个人都认为这样的炫耀值得费那么多的周折。早期的基督徒和斯多葛派哲学家都严厉地批评为炫耀奢华而干预大自然，前者认为这象征最严重的贪欲，而后者则相信人只能在顺遂自然中找到幸福。古罗马哲学家塞内加（Seneca）曾问道：“仅仅因为在冬天渴望玫瑰，在隆冬时分强迫百合花绽放就要采取必要的措施去改变环境、用热水提高气温，这难道不是矫揉造作的生活吗？”

极少有人愿意接受塞内加给“矫揉造作的生活”下的定义（比如，他谴责异装癖），但是爱花的斯多葛派仍然赞扬依照自然顺序拥抱每个季节。他们就像莎士比亚的《爱的徒劳》（*Love's Labour's Lost*）中的人物贝洛恩（Berowne），坚持认为他们在圣诞节“不渴望玫瑰/正如在五月新奇的欢乐中也不渴望有瑞雪/唯愿万物依季节生长”。

在全球气候发生变化以前，北方的冬天没有多少植物生长。热爱冬季的人[1]大多沉溺于想象，他们擦拭园艺工具、仔

1 法国人称他们为“冬季恋人”（*hiverophiles*）。

细阅读植物目录，珍惜太阳偶尔从云层中露出脸洒下的“一抹阳光”，同时想象未来绽放的花朵。他们体会到，冬天的乐趣也相当需要鉴赏力，这种体会让他们温暖、满足。人对夏天的热爱相当明显（“乡村处处是鲜花”是的，是的）；在冬天“萧瑟荒凉的风光”里找到一丝生机，这绝对是情感细腻的标志。至少18世纪的散文家约瑟夫·艾迪生（Joseph Addison）是这么认为的。

艾迪生受弗朗西斯·培根“永恒的春天”（*ver perpetuum*）即不间断的园艺生活这一理念的启发，建议园艺师在花园开辟专用的空间——“冬天的花园”，在这处“自然的”空间内种植常青树。实践证明，这一建议影响很大。即使在今天，冬天的花园也相当普遍，只是现代人各有自己的品味，红色明亮的山茱萸总是以白桦树光秃秃的树干为背景，荚蒾、蜡梅、瑞香等开花的灌木散发着浓烈的香味。现代园艺师常常保留着多年生植物干枯的花梗和种子穗，这样，如果有霜，植物在霜冻后会呈现出一幅银光闪闪的静态画，让风在这幅画上奏响“冬的乐曲”。

并非每个人都喜欢这种冷飕飕的美。诗人雪莱就认为，冬天的狂风没有奏出音乐，而是“对无云的、寒冷的大地”发出一声声苦笑。事实上，有人在冬天看见冬青树感到“无以言说的愉悦”，而另外一些人则把霜冻看成是这场表演绝对的终结：“完了！”对后者来说，冬天只是“死亡之季”（a time of death），埃德蒙·斯宾塞将这个短语与冬天狂风的“凶恶的气息”（baleful breath）用在一起，有意押韵。

我们可以比较两位热爱园艺的小说家，了解上述两种观点之差异。她们是19世纪末的伊丽莎白·冯·阿尼姆（Elizabeth von Arnim）和一个世纪后的杰梅卡·金凯德。冯·阿尼姆认为，“走进白雪皑皑的花园仿佛经沐浴而一尘不染”。金凯德望着窗外的雪，接着下断语说：“我的花园已不复存在。”

金凯德严厉地批评“嗜冬症”（*hiverophilia*）。她说，为光秃秃的树木而赞叹，去观赏景天属植物那一簇簇霜打的种子穗，这太无聊，太“任性”了！“如果我有机会管理这个世界，我肯定会有机会的，”她写道，“我给12月、1月、2月每月只分配10小时。”金凯德长期居住在佛蒙特州，每到冬天，她就开始想象她的家乡西印度群岛，“那里的季节与我现在生活的地方恰好相反”。与她类似的情况，不计其数。许多北方人去南方旅行（真实或想象的旅行），去追寻阳光、色彩和鲜花。当地中海地区的杏花开始绽放时，文森特·梵高和D.H.劳伦斯为之痴迷。今天，大部分杏树都生长在加利福尼亚州。卡尔·夏皮罗（Karl Shapiro）说，在冬天，他常常感觉自己“像在花店里”。

人们若无法到达安提瓜岛、西西里岛和加利福尼亚州，就会用温室来凑合。乔治·西姆科克斯（George Simcox）惊叹道，“夏天已远去，冬天到来了，有些花儿依然生机勃勃”，这多亏了玻璃和钢铁。他在19世纪60年代写下这句话，当时人们正从道德的角度热烈争论冬天花园的各种形式。在此之前，威廉·科贝特（William Cobbett）曾提出一个观点，认为室内园艺是上层社会符合道德准则的“消遣”：“在漫长沉闷的冬季，家里的女孩，甚至男孩，不是坐在妈妈身边打牌或者面对一本愚蠢的小说多愁善感，而是在温室里帮助妈妈侍弄花草，这多么美好啊！”然而，当温室愈加廉价、中产阶层也可享用时，人们便开始强烈反对。英国圣公会的牧师、小说家查尔斯·金斯利（Charles Kingsley）举起塞内加和艾迪生的旗帜，以鲜明的态度说自己不喜欢温室里来自异域的纤弱的植物（比如，南非的天竺葵）；他更喜欢冬天满园的蕨类植物和常青树在上帝赐予的“灰黄色柔和、斑驳的云顶”下惬意地生长。金斯利宣告，在上帝的“教堂”里，“如果没有圣徒，也就没有偶像，牧师无须侍奉”。他传讲的思想是大自然“足够我使用”，因此把那些衷心热爱温室的人定义为“矫揉造作”的贪婪之徒，说他们有天主教不自然的奢华风格。

冬天不是永恒的。不久，白天变长，鲜花回归。新的一年，最先绽放的是哪一朵花？是雪滴花还是番红花？是矮小的鸢尾花还是迎春花？在花儿罕见的月份里，人们会万分欣喜地热爱能开花的植物。

紫罗兰

当天空灰暗，乌云低低地压下来，寒冷地方的居民很难记起阳光普照的感觉，会以感恩的心情购买市面所售的不合节令的鲜花。我在其他章节已经探讨过康乃馨、玫瑰和百合花，它们在当今的花卉集锦里都是最大众化的常年生植物。“羞怯的紫罗兰”低眉顺眼地把头埋在繁茂的叶子里，与那些美丽、自信的长梗花朵有天壤之别。但是，一百多年前，甜美的紫罗兰（*Viola odorata*）就是典型的非节令花朵，是真正奢华的标志。1941年，由汤姆·阿代尔（Tom Adair）作词、马特·丹尼斯（Matt Dennis）作曲的《装饰在你皮衣上的紫罗兰》（*Violets for Your Furs*）这首歌以紫罗兰神奇的魅力歌唱“曼哈顿的冬天”。当弗兰克·西纳特拉（Frank Sinatra）低吟“紫罗兰”时，那微小的花朵就自然而然地施展了“小小的简单的魔力”，将4月的明媚带入沉闷的12月，让人有可能开始浪漫的恋爱。

地中海、西亚、南亚地区最古老的历史文献都记载了人们在制药、做糖果和果汁冰糕、编织花环时都使用紫罗兰。这些地区的神话在讲述死亡与重生、生命蜕变时也常常提到紫罗兰。罗马人用颜色近似鲜血的几种春天的紫红色花朵纪念死者，但是人们受紫罗兰（标志春天的开始）和玫瑰（标志春天的结束）的启发而设立特别的日子[1]，并

1 这些特别的日子包含“紫罗兰装饰日”（*dies violationis*）和“玫瑰装饰日”（*dies rosationis*）。

一个时髦的女孩把紫罗兰花别在她的皮衣上。这是20世纪女士内衣盒子的封面，佐治亚州亚特兰大市缪斯公司设计

在这些日子里用花朵装饰坟墓。在《哈姆雷特》里，雷欧提斯看着奥菲莉娅的坟墓，希望从她“美丽无瑕的身体”上很快“长出”紫罗兰。约翰·济慈听说死者的坟墓上长满了紫罗兰，他“欣喜若狂”。据说他面对自己的死亡时，曾对朋友约瑟夫·塞弗恩（Joseph Severn）说他已经感觉到“自己的身体上长满了”紫罗兰花朵。（另见《雏菊》。）同时，复活也有政治意义。据说，拿破仑特别钟爱意大利的帕尔马紫罗兰。1814年，拿破仑被流放到厄尔巴岛，他的支持者们互相安慰说，“紫罗兰下士”（Corporal Violette，拿破仑的昵称）和其他花朵一样，春天就会回来。让·多米尼克·埃蒂安·卡努（Jean Dominique Étienne Canu）的雕刻画《1815年3月20日的紫罗兰》（*Violettes du 20 Mars1815*）是纪念拿破仑重新在巴黎出现在支持者中间。我们可以看到，拿破仑独特的双角帽的轮廓隐没在花瓣和叶子中间，见右图标记的位置（1），还有他的妻子玛丽·路易丝（Marie Louise），见位置（2）以及他们的儿子，见位置（3）。

人们在紫罗兰与死亡之间产生联想，由来已久，说明它已经变成用以纪念的花朵，或者正如凯瑟琳·马克斯韦尔（Catherine Maxwell）所说，紫罗兰象征“忘却之后的怀念”。紫罗兰有这样的特质，与其说与葬礼仪式有关，不如说与它的花香产生的效果有关。紫罗兰所含的复合物紫罗酮可使花朵产生与众不同的芳香。它有一种奇异的特征，即“它迅速使嗅觉疲劳而麻木，短暂关闭嗅觉接收器，这样紫罗兰的味道仿佛消

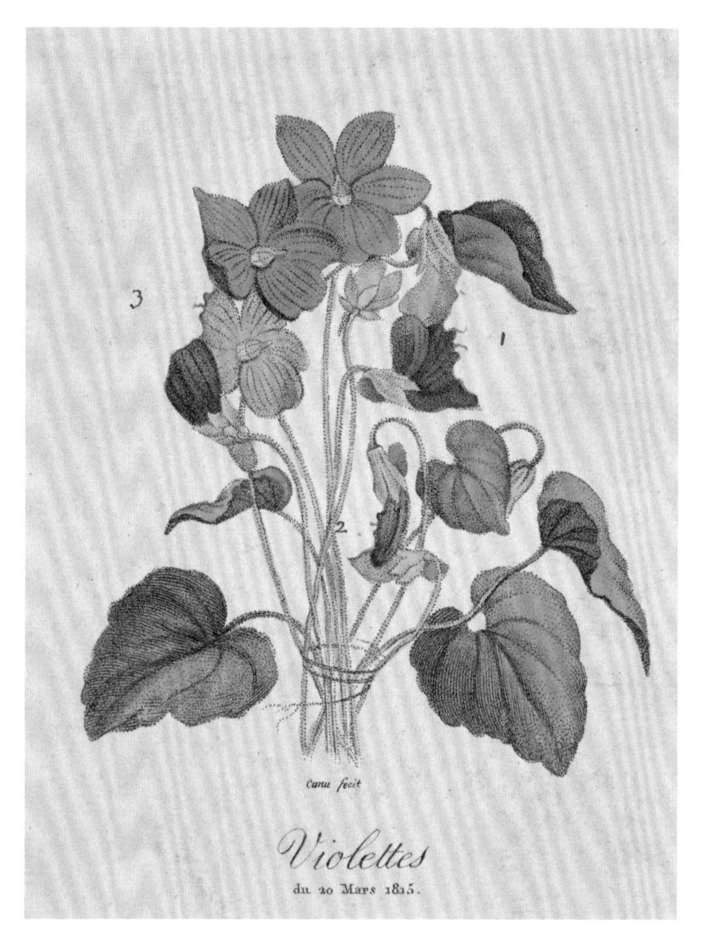

内含谜语的雕刻画《1815年3月20日的紫罗兰》。
让・多米尼克・埃蒂安・卡努（1768—1844年）

失了，然而，过一阵又飘来花香”。人们在描述紫罗兰时常说，它的香气是呼出来甚至是唱出来的，产生生动的、难以抗拒的联觉[1]。D.H. 劳伦斯曾经生气地说道，“一束紫罗兰只是一束紫罗兰”，生命、爱和花朵如同没有扣题的辩论、没有笔尖的铅笔，没有“意义”。但是，这番话是他享用了一生的紫罗兰芳香之后说出来的。1910年，劳伦斯的母亲去世，他从未婚妻路易・伯罗斯（Louie Burrows）送到诺丁汉的花环上摘取几朵紫罗兰，然后，搭上火车，因“母亲”去世而极度“悲怆”，“在去伦敦的途中一路嗅着花的香味”。查泰来夫人把半瓶“科蒂牌紫罗兰香水”放在她情人的一堆衬衣里，唤起幸福的记忆。在这两种情况下，紫罗兰肯定是有“意义”的。

在19世纪的大多数时间里，法国劳动密集型的香水业一直种植紫罗兰，紫罗兰花束还用来装饰扣眼儿和服饰；19世纪末出现了冬季紫罗兰的流行风尚。它的流行，像许多时尚一样，结合了多种因素。1893年，两位德国科学家发现紫罗酮是紫罗兰香味的源泉，指出紫罗酮可以从鸢尾根[2]中萃取，成本更低，甚至可以在实验室里合成。至此时，紫罗兰市场骤然萧条。与此同时，铁路运输速度和效率的不断提升，让越来越多的游客得以去科特达祖尔地区“阳光明媚的海滨”去“过冬”，来自遥远的维也纳甚至莫斯科的游客逐渐喜爱法

1 联觉指一种感官刺激触发另一种感官知觉。——译者注

2 德国鸢尾（*Iris germanica*）和香根鸢尾（*Iris pallida*）的根部。

20世纪初，人们在科特达祖尔（Côte d’Azur）地区采摘紫罗兰

国南部的鲜花。于是紫罗兰被运输到更遥远、更广泛的地方，但是娇嫩的花朵常常在抵达目的地时已经不是最佳状态。于是，北半球的许多国家终于开始为冬季的市场培育紫罗兰，当然需要用玻璃保护。在英国，从10月到次年5月，大西部铁路公司（Great Western Railway）不断从德文郡和康沃尔郡基本无霜的小型花草种植基地把紫罗兰运输到伦敦的考文特花园（Covent Garden）。

人们喜爱用紫罗兰花束装饰扣眼儿和服饰。为满足这样的需求，紫罗兰的培育品种不仅芳香四溢，而且是长梗的大花朵或双花朵。花香浓郁、花朵繁茂的那不勒斯或帕尔马紫罗兰（18世纪从意大利引进法国）是消费者的挚爱。但是，要培育一株植物，让它拥有人们渴望的每一种特征，实属不易。种植者喜欢“赫里克州长”（Governor Herrick）紫罗兰这个品种，

因为它的问题相对来说比较少，而且花梗长、花朵大。但是，它的香味不诱人。据说，这个品种的花束要先用纸包裹，再喷洒上香水，才装上日夜兼程的“鲜花列车”运出去。

在20世纪，紫罗兰对于中产阶层的生活已至关重要。人们用紫罗兰香味的口香糖清新口气，用蜜饯花瓣[1]装饰蛋糕，还将最新鲜的瓶装香水洒在手腕和手绢上。香水种类的推出层出不穷：伦德堡公司的紫罗兰香水（*Vio-Violet*，1895）、科迪公司的“绛红紫罗兰之恋”（*La Violette Pourpre*，1906）、穆尔亨斯和克洛普夫公司（Mülhens & Kropff）的莱茵紫罗兰香水（Rhine Violets，1910）。有些人喜欢人工合成和自然元素相结合、以复杂程序研制的调配香水，于是就有娇兰公司（Guerlain）的“蓝色时光”（L'Heure Bleue，1912）。“蓝色时光”的香味也许就是T.S.艾略特《荒原》中那暧昧的“紫罗兰时光”。奥斯卡·王尔德笔下的道林·格雷用“帕尔马大花朵的紫罗兰”装饰扣眼儿；王尔德为了彻底清除“监狱生活的污秽”，让他的朋友把一瓶弗洛瑞斯品牌的“坎特伯雷紫罗兰”香水（Canterbury Wood Violets）带到雷丁监狱。

最豪华的奢侈品是花朵本身。1894年，有一首诗描述一个男人给自己的妻子（或女友）送了一束花，“庆祝她的生日”，很不情愿地对她说，他花了一美元就买了这十二朵小花：

---

1 今天图卢兹市甘蒂花（Candiflor）公司还在生产这种蜜饯花瓣，以每公斤85欧元出售。

亲爱的，请收下这昂贵的紫罗兰，

今年最昂贵的花朵。

布思·塔金顿（Booth Tarkington）于1921年发表的讽刺小说《艾丽斯·亚当斯》（*Alice Adams*）描写了与小说同名的女主人公沿社会地位的台阶向上攀爬的故事，小说于次年获得普利策文学奖。当然，一美元十二朵小花，艾丽斯·亚当斯买不起。艾丽斯受邀参加舞会，开始忧愁如何才能买得起装饰衣服的花束，此时，小说出现了第一次危机。她意识到时值4月，她家的后花园里就有紫罗兰，于是情节出现了转机。她千方百计找到了二十二朵（“一个吉祥的兆头”，她恰好二十二岁），数量还是太少了。艾丽斯只好搭上有轨电车，到城市郊区的公园，那是一个阴雨连绵的日子，艾丽斯用了漫长的一天时间采摘了三百朵小花。晚上9点，她“就有了两个喜气洋洋的紫罗兰花束，每个花束的花梗都包裹在锡箔纸里，外面系上了紫色雪纺绸的蝴蝶结。她把一个花束戴在腰间，另一个用手拿着”。享受了紫罗兰时光里的喜悦了吗？谈不上喜悦。艾丽斯到了舞会，她发现“乡间”的紫罗兰花束“背叛”了她：空气温暖，紫罗兰很快枯萎，垂下头。当她去寻找别的地方要处理掉这两团难看的花束时，富人家的女孩刚好路过，她们都拿着直接从花店买来的“生机勃勃的、大花朵的紫罗兰”。

紫罗兰总是出现在描写社会阶层的故事里，那些在冬

天佩戴花朵的人和卖花人在这些故事里总是形成鲜明的对比。在萧伯纳（George Bernard Shaw）的戏剧《卖花女》（*Pygmalion*, 1914）的第一幕中，“二十岁的年轻人”弗莱第·艾恩斯福特·希尔（Freddy Eynsford Hill）“身穿晚礼服，雨水湿透了裤脚”。他慌乱中一头撞向考文特花园的卖花女伊丽莎·杜利特尔（Eliza Doolittle），把她手里的花篮子撞落在地上。“瞧，多有礼貌的家伙！”她说道，“把两束紫罗兰也踩到泥里去了。”语音学教授亨利·希金斯（Henry Higgins）在旁边不经意听到伊丽莎说话时的伦敦东区口音，那种元音发音方式让他激动不已。他从污泥里捡起伦敦东区这朵紫罗兰，开始着手把她变成一朵与往日不同的花。

这样的社会流动是不常见的，这是伊迪丝·内斯比特（Edith Nesbit）用诗歌《献给他的女儿》（*To His Daughter*）想要说明的问题。今天，人们熟知的是内斯比特创作了小说《五个孩子和沙地精》（*Five Children and It*，1902）以及《铁路少年》（*The Railway Children*，1906）。其实，她还是一个政治活动家，创作了诗集《社会主义的民谣与抒情诗》（*Ballads and Lyrics of Socialism*），1908年由费边社[1]出版（见《雪滴花》）。其中一首抒情诗《献给他的女儿》开头就描述一

1 费边社（the Fabian Society）成立于1884年，是英国的一个政治组织。其宗旨是用缓慢渐进的改革方法实现社会主义。费边社成员中有一些是著名的左翼政治家和作家，他们举办会议、演讲、做研究、出版书籍，以启发、教育民众。——译者注

位父亲去伦敦的拉德盖特山（Ludgate Hill）给他宠爱的宝贝女儿买12月的紫罗兰，没有什么特别的原因。

它们窃窃私语，述说雨后的苔藓，

含苞吐萼的野蔷薇，四月的天，

林荫道上秀美的盛景，

还有你我无法忘怀的

所有美好的故事和剧情。

春天的紫罗兰“像一把钥匙，”“在记忆的孔槽里悄无声息地转动”，打开逝去的岁月，此时，冬天的花朵就把佩戴者带到另外一个季节。但是，对于内斯比特笔下尚不成熟的社会

演员、歌手玛丽·斯塔德霍姆（Marie Studholme）曾在英国音乐厅巡回演出，她以各种形象出现在明信片上。这张1906年的明信片显示的是她饰演的名为“甜美紫罗兰”的卖花女

主义者来说，更多直接的回忆挤走了这一熟悉的场景。这个男人不禁想起那天下午，想起“她，卖紫罗兰的她，卑微，贫穷，身心交瘁，孤独凄凉，不干净”。只要有机会，他就会告诉自己的女儿，“我亲爱的宝贝”，那个“被糟蹋的奴隶”原本应该“像你一样是一位佳人”。“被糟蹋的奴隶”这个词语暗指的就是卖花和沦为妓女这两者之间传统上的联系。

到了世纪之交时，紫罗兰的现代改良已经完成。紫罗兰不再是“谦卑的”穷人喜欢的树林中如“戴面纱的修女”[1]一样朴实的花朵，而是变成富裕的城市佳人心仪的奢侈品。在各种类型的现代佳人中，时髦的吉布森女孩把紫罗兰别在她们的皮衣上，女同性恋诗人仰望“穿紫袍的”萨福（Sappho）寻找灵感，妇女社会政治联盟（WSPU）中那些主张妇女参政者常常用紫罗兰和“谷中的百合花”来象征他们的颜色：绿色、紫色和白色。妇女社会政治联盟经营的报纸《女性参政权》（*Votes for Women*）刊登了许多“美丽、得体”、融合三色的服装广告，比如，“以紫色花朵和绿叶饰边的”女帽搭配白色哔叽布料的服装（价格仅四几尼），报纸也为“女士的紫罗兰农场”做广告，这个农场是在萨塞克斯亨菲尔德公地（Henfield Common）由艾伦和布朗两位女士经营的。据说，如果把重点放在紫罗兰（而不只是紫颜色），会产生一个“秘

1 语出托马斯·胡德（Thomas Hood）。

密”暗号:“GWV”，即“Give Women the Vote”（投票给女性）。妇女社会政治联盟想让它的支持者们公开表达忠心，看来不可能。更确切地说，这种做法可能把花朵当作秘密的语言：白色的百合花象征纯洁，紫色的紫罗兰象征希望和坚定，陪衬的绿叶象征自由。更重要的是，妇女社会政治联盟立志不让自己的成员“在旁观者眼里等同于”“极其不讨人喜欢的人，即‘衣着邋遢的女人’”，她们应当和“色彩、快乐的声音、运动、美丽”保持一致，她们应当一直奏响“女性柔美的乐音”。1909年5月，妇女社会政治联盟在伦敦骑士桥的王子滑冰场组织了一次为期两周的“女性展览会”，其宗旨不只是筹款，还要强化这样的信息：选举权和糕点、刺绣、绘画、瓷器、帽子、连衣裙、花朵等折射出的传统的女性柔美是兼容的。人们没有忘却这样的政治信息。在骑士桥展览的鲜花丛中，有一个监狱牢房的模型一个向导在解释妇女在监狱里遭受的苦难。还有一个投票亭的模型，克丽丝特布尔·潘克赫斯特（Christabel Pankhurst）毫不吝啬地用各种鲜花装饰它，它还象征性地储存了一张选票。

又过了九年，英国妇女才获得选举权。随着时间的流逝，主张妇女参政的人们举行的抗议活动，引人瞩目，依然充满鲜花，却激进了许多。1909年10月，简·布雷斯福德（Jane Brailsford）在纽卡斯尔因接近一道路障而进了监狱。按照西尔维娅·潘克赫斯特（Sylvia Pankhurst）的描述，她接近路障时，手里拿着“一束看似无害的菊花”，结果却露出“一把

斧子，她举起斧子，斧子落地，发出一声闷响”。1913年2月，一群主张妇女参政的人士以游击的形式袭击了邱园的三个兰花温室。据《泰晤士报》报道，他们击碎了一些窗户，“毁坏了稀有的美丽的兰花”，然后留下一张便条，宣告说，“兰花可以毁，但是女性的荣誉不可毁”。[1]

这个时期后来出现一位佳人，是浑身散发紫罗兰香味的女人，她去找西格蒙德·弗洛伊德（Sigmund Freud）做精神分析。事实上，弗洛伊德注意到，正因为紫罗兰及其象征意义非常“大众化”，它往往就出现在“健康者的单纯的梦里”。神经官能症患者的梦令人费解（因此吸引人们做解析），而那些健康者的梦不隐晦，可以预测，而且像维多利亚时期的花语那样，与日常发生的事情紧密相关。弗洛伊德分析的这个病例是一个“矜持的、有些假正经的”女子，她的婚礼推迟了一段时间。她描述了自己的一个梦：她在摆放“为自己庆祝生日的桌花时，感觉非常幸福”。这对精神分析大师来说，太容易解析了：桌花，代表她的生殖器，生日是她未来孩子的生日。

远不止这些。经过进一步提示，她告诉弗洛伊德，她摆放的桌花是“昂贵的”山谷百合、康乃馨和紫罗兰。这很容易解释。弗洛伊德使用传统的花语，把百合花解读为女性的贞洁这最有价值之物（山谷是梦里“常出现的女性标志”，这又增加一个维度），把康乃馨解读为男性粉红色的生殖器（弗

1 兰花（orchid）得名于*orchis*，这个希腊词意思是“睾丸”。这也许是巧合。

洛伊德认为“这种联想绝非牵强”，后来，他的病人解释说，她的未婚夫常常送给她“大把大把的”康乃馨)，最后还有紫罗兰，那就更有趣了。紫罗兰在花卉词典里的传统意义是“端庄”或“纯真”，当然一些人把这些特征都归于白色的花，因为古典作品中紫色的花朵和性的愉悦之间有紧密的联系。比如，西塞罗谈到“玫瑰和紫罗兰的床”；今天情人节卡片总是将“紫罗兰是蓝色的”和“我爱你”印在一起。但是，弗洛伊德不关心颜色，他关心“紫罗兰”（violet）与“暴力的”（violent）这两个词之间“偶然的相似性”，认为若追根溯源就能找到“一个秘密的含义”。从词源上看，任何词都有

约翰·威廉·戈德沃德（John William Godward）的油画《紫罗兰，甜美的紫罗兰》（*Violets, Sweet Violets*），1906年

根，这个事实并不重要。弗洛伊德感兴趣的是人的大脑会自动创造双关语、发音时的滑动以及词语之间的联系。到最后，他的病人就不那么“天真”“健康”，而是暴露了她对“失贞”的代价产生的焦虑，可能也暴露了“受虐狂的性格特征”。

人们可能会想，每一个从业的精神治疗专家都了解这样的梦，看来并非如此。1992年的惊悚电影《最后的分析》（*Final Analysis*）依据的就是艾萨克·巴尔医生[1]的无知。巴尔医生的病人戴安娜·贝勒[2]连续几个星期向他讲述，她反复梦见自己摆放百合花、康乃馨，还有“暴力”（violence）。“暴力？”他问道。“我说的是‘侵犯’（violates）！”她生气地说，“我说的是‘紫罗兰’（violets）紫罗兰它们只是花儿。我曾经做过花艺摆放的工作。是不是什么都要和性扯上关系啊？”巴尔没有意识到，戴安娜把他当傻瓜了（或者说，她也许下意识地把他当成傻瓜了？）。后来，巴尔偶然遇到一场讲述《梦的解析》（*The Interpretation of Dreams*）的演说，他才恍然大悟。要是他曾经学习过花艺摆放的课程，他可能会意识到人们的品味已经变化。在20世纪90年代，没有人会用紫罗兰当桌花。

---

1 理查德·盖尔（Richard Gere）饰。

2 乌玛·瑟曼（Uma Thurman）饰。

天竺葵

天竺葵，我所指的是天竺葵属的植物（*Pelargonium*）。

第一批娇嫩的天竺葵灌木在17世纪时自非洲好望角进入欧洲，天竺葵属（*Pelargonium*）和老鹳草属（*Geranium*）这两个属类就从此开始混为一谈。老鹳草是多年生植物，耐寒，这是欧洲人熟知的。新到来的娇嫩植物和老鹳草很像，花朵有5个花瓣，有种子荚，植物样貌似鹤伸展的头与喙。源于这种相似性，欧洲人逐渐称这种新来的植物为海角老鹳草（Cape Cranesbills）。

1732年，植物学家约翰·雅各布·迪伦纽斯（Johann Jacob Dillenius）经考究认为，来自非洲的植物应当被认可为另一个属类。他指出，两个属类的花朵各异。欧洲的老鹳草花朵规则，有5个完全一样的花瓣，15个产生花粉的雄蕊。非洲海角来的植物，花朵不规则，上面的2个花瓣与下面的3个花瓣大小、形状和斑纹都不一样；花朵有花蜜管，产生花粉的雄蕊数量较少。迪伦纽斯说，“老鹳草”这个名字源自希腊语的“鹤”一词，所以，新到来的这个品种的名字“*Pelargonium*”（天竺葵）可能取自希腊语的“鹳”一词。然而，卡尔·林奈不认为这两个属类有差异。到了植物分类学尘埃落定之时，园艺师们几乎都不愿意放弃自己已经习惯的植物名字。本章讲述的是天竺葵，特别是人们常见的红色的花园天竺葵（*P. x hortorum*），我坚持使用大多数人使用的英语词汇“geranium”来指天竺葵。

今天，几乎所有天竺葵长成后都会被人们拿去使用，并最终被抛弃。天竺葵是夏天廉价的植物。到了9月，人们就把它们抛弃在堆肥的地方，然后用仙客来和冬天开花的三色堇取而代之。然而，过去人们对待天竺葵并非如此任性。几百年前，天竺葵是具有异国情调的珍稀植物，是富有的植物收藏家极其珍贵的财富，生长在昂贵的玻璃暖房里，不经风霜雪雨。暖房外面是冬季凛冽的寒风，暖房里面，南半球的植物还以为是夏天，花儿尽情绽放。

“我可以谦逊地断言，就在现在，就是1691年，伦敦的园艺比1660年多了10倍；自那时开始，我们种植外来植物已有了长足的进步。”约翰·奥布里（John Aubrey）如此写道。然而，这只是一个开端。大英帝国的探险和植物探索日益兴盛，旧式的药材园变成殖民花朵的展览室，许多大型私家花园也有同样引人入胜的收藏。

1699年，博福特公爵夫人（Duchess of Beaufort）玛丽·卡佩尔·萨默塞特（Mary Capell Somerset）已经收藏了750个物种，这些植物生长在面积很大的玻璃暖房里，甚至更奢华地生长在一个“100英尺”高的“炉子”（在地下用烤炉加热的温室）里。她还准备了12册植物标本（现存于伦敦自然历史博物馆），让画家埃弗拉德·基奇为她收藏的植物作画，制成花谱（即花卉集锦）。药剂师对植物的药物特性感兴趣，因此，最早以视觉形式呈现植物的是药剂师。基奇的水彩画既保留这些植物的信息（植物连根拔起，按比例绘画），还强调植物的装饰或非同寻常的特征。那时，蔚然成风的是新颖性而不是实用性（基奇的画作样例，可见《雪滴花》）。

花谱供个人使用，是一种可收藏、可携带的永久的花园记录，接着市场对豪华的花卉书籍的需求也出现了。1730年出现了第一本插图的苗圃目录，订阅的用户是一群有社会地位的、富有的贵族人士，比如，玛丽·萨默塞特。“肯辛顿的园艺师”罗伯特·弗伯（Robert Furber）出版了《花朵的12

亨利·弗莱彻（Henry Fletcher）描绘“12月”的雕刻版画。版画依据彼得·卡斯蒂尔斯（Pieter Casteels）的油画而创作，收于罗伯特·弗伯1730年出版的《花朵的12个月》。花束的中心是猩红天竺葵

个月》(*The Twelve Months of Flowers*)，收进400个不同的植物种类和栽培品种。

弗伯的著作提供了鲜活的证据，说明在过去100年里，从国外引进的植物使英国的花园产生了翻天覆地的变化，尤

其在冬季。1616年，让·弗朗诺（Jean Franeau）出版了《冬天的花园》（*Jardin d'hyver, ou Cabinet des fleurs*），这本书消解了“大自然从我们手里夺回鲜花”的这个“悲伤的季节”。《冬天的花园》里充满了春天和夏天花朵的插图，插图都配了诗歌，全部是挽歌。但是，《花朵的12个月》里没有悲伤的季节。弗伯的著作旨在将一个事实广而告之：他的肯辛顿苗圃全年都有花朵绽放。每一幅手绘图都是华美的花束，配在某个月开花的植物列表上。12月和一年内其他月份的花卉一样丰富，包括本章前面的斑叶天竺葵和本章中部具有象征意义的“猩红天竺葵”。

18世纪的妇女认为，花朵只是用于装饰。人们在探讨妇女教育的价值（对有些人来说，是妇女受教育的危险）时，植物研究常常处于探讨的核心位置。一方面，植物学是母亲用来教育子女的完美话题，比动物学容易得多，且有一个优势：植物不流血。另一方面，林奈建议依据花朵的雄蕊和雌蕊的数量来给植物分类，这一建议强调的是植物的性征。牧师、诗人理查德·波尔威尔（Richard Polwhele）抨击“失去女性特征的妇女”时，批评“研究、搜集植物的女孩”，说她

们用“矜持的红晕”换取“放肆的古铜色”。

天竺葵尤其近乎淫秽，主要因为威廉·柯珀（William Cowper）在他的长诗《任务》（*The Task*，1785）里把大多数大众化的品种称为“紫红色的荣耀”，还因为天竺葵花瓣交叠产生（看似）性挑逗的联想。罗伯特·拉伯雷（Robert Rabelais）（化名）曾说，最性感的女人总是“撅起双唇似天竺葵”。

然而，天竺葵的这种拟人化并不局限于描述“植物的极乐”。科学家伊拉斯谟·达尔文（Erasmus Darwin）是查尔斯·达尔文（Charles Darwin）的祖父，他对植物各种有感觉的行为感兴趣，他认为植物的感觉把花朵、动物、人联系在一起。这个话题有许多争议。费城的园艺师约翰·巴特拉姆（John Bartram）评价说，称植物有“绝对的感觉”，这过于夸张，“然而，它们确实有明显的天然的能力，我们就想用合适的词汇来解释”。至少如同托马斯·杰弗逊（Thomas Jefferson）所说的，相信‘它们的组织和我们的类似’，这让我们与室内盆栽植物有了互动的新方法。

杰弗逊和自己的天竺葵之间的关系特别友好。在18世纪80年代，杰弗逊在出任法国大使时首次邂逅天竺葵，后来，无论是在弗吉尼亚州蒙蒂塞洛，还是在白宫，他都喜欢在家里用扦插的方式增殖天竺葵标本。杰弗逊的总统任期结束时，他的朋友玛格丽特·贝亚德·史密斯（Margaret Bayard Smith）写信向他要一种特别细的标本的插条，“我想这是你亲手扦插培育的"，"如果你不带回家，我请求你把它留给我。我无法告诉你，它在我的心里如此宝贵，无法用语言表达"。杰弗逊又怎能不给呢？他把这棵植物送给史密斯夫人，同时满含歉意，说这棵植物"最近没有好好照顾，生长状况很差"。然而，他又充满信心地说，在她"高超技艺的培育下"，植物很快会恢复健康。"如果植物有情感，"他说道，"它肯定因为得到（你的）收养和照顾而颇感自豪。"

许多人和杰弗逊、史密斯一样，依恋植物，对植物和人来说都是"健康的"。考虑到现代人对全方位运动的探讨，人们广泛地推荐研究、采集植物这一活动，认为它可以锻炼身体，呼吸新鲜空气，激活人的思维。卢梭曾经感慨，当"馥郁的花香、明亮的颜色和优雅的姿态竞相吸引你的注意力令你目不暇接之时"，谁还有工夫为自己的问题思虑呢？植物以新的方式起产生疗愈的功效——不需将它们摄入体内，也不需将它们当作敷料，与它们为伴足矣。无论是寡妇（比如博福特公爵夫人）、残疾人还是思念家乡的总统，与花相伴，均可获得安慰。卢梭说，亲近植物，可以"放松，愉悦，减轻忧虑，消除痛苦"。

作家夏洛特·史密斯（Charlotte Smith）长期遭受风湿病的折磨，精神抑郁。她执着地认为植物可以"安抚""受伤的心灵"。不仅如此，她还认为，"多愁善感、怠惰""浅薄""迟钝、无知"，这一切可能使一个妇女"感觉自己是一个负担，也让他人生厌"，但是，亲近植物可以缓解这个问题。天气恶

劣时，妇女困在家里（因此成了负担），此时，暖房尽显本色。毕竟，史密斯非常喜欢的一个诗人威廉·柯珀有句名言："爱花园者必爱温室。"若"狂风呼啸大雪纷飞"，不必介意，最娇嫩的花朵也能"温暖、舒适"地绽放。

房顶透明的玻璃暖房在18世纪末首次出现，主要为了解决天竺葵等植物需要阳光这一问题。这样的暖房供暖系统比以往更复杂，可以为来自非洲海角的植物提供温暖干燥的空气。这些建筑创造的微观气候条件与蒸汽、热水供暖的玻璃暖房大相径庭，后者经过改良，用于种植蕨类植物和兰科植

彩色平版印刷画《冬日温室里的花园》（*Forcing Garden in Winter*），源自汉弗莱·雷普顿（Humphry Repton）的著作《风景园艺的理论与实践片段》（*Fragments on the Theory and Practice of Landscape Gardening*，1816年）

物。当人们讨论暖房内的空气时，脑海里出现的都是潮湿的地方。试想象，在雷蒙德·钱德勒（Raymond Chandler）的小说《长眠不醒》（*The Big Sleep*）里，菲利普·马洛在兰花暖房这样一个“又湿又厚充满蒸汽的”水族箱里拼命擦拭额头的汗水！早期既温暖又通风的温室呈现出来的是冬天健康的形象而不是全年颓废的形象。

良好的健康是植物和植物爱好者的夙愿。夏洛特·史密斯在1804年创作了一首颂诗《致冬天开花的天竺葵》，感谢天竺葵用“明亮宜人的颜色”穿透她“冬天的抑郁”（我们称之为“季节情感障碍”）。她说，花朵可以给人如此温馨的宽慰，“像逆境时遇到真朋友”。

简·奥斯丁的第三部小说《曼斯菲尔德庄园》（*Mansfield Park*, 1814）的女主人公范妮·普赖斯（Fanny Price）切身体会到了植物给人的安慰。范妮生活在舅舅和舅妈的家里，在这里，有一间没有供暖设备的屋子，她认为是自己可以独享的房间这间屋子是以前的一间教室，我们从作品看到，现在是一间玻璃暖房。当楼下的气氛不愉快时而且常常是不愉快的她就躲在这间房子里“看”植物，希望“给她的天竺葵通风，她也可以透透气，让自己内心更强大”。她和这些植物有亲密的关系，她和它们一样，都是从其他地方连根拔起，移植到这里。天竺葵来自南非，她原本生活在朴茨茅斯的一个中产阶层的家里。她和天竺葵被移植到这里，都是用来做装饰的，但是自己满心希望在曼斯菲尔德庄园肥沃的土壤里茁

壮成长。

史密斯在《致天竺葵》里描述了一个类似的过程。她想象着自己的植物曾经在“非洲干旱的土地”上“无人照料、无人珍惜”，后来有幸逃到英格兰，在这里，有人用审美的眼光欣赏它“大理石一样”的叶子、“铅笔一样的”花朵。这是一个典型的殖民比喻：大英帝国提供原材料，欧洲文化赋予其价值。史密斯想，难怪她“移植的”天竺葵在冬天的温室里如此繁茂地绽放花朵，原来这么做是因为“满怀感恩”。

在范妮·普赖斯的亲戚伯特伦夫妇看来，她的问题是，她用了太久的时间才开始满怀感恩地绽放。到小说快结束时，伯特伦夫妇才发现范妮“值得欣赏”。她“至少长高了两英寸”，面颊终于“泛起红晕”。托马斯·伯特伦爵士俨然一个心满意足的植物猎人，他总结道，把范妮“移植到曼斯菲尔德庄园”，已然成功了。

史密斯和奥斯丁描述了来自异域、受到精心呵护的植物。在19世纪早期，这种植物已经罕见。在19世纪50年代，天竺葵有了全新的形象，更确切地说，有了两个全新的形象：夏天随时可以处理的花坛植物；不幸的妇女在室内的长期伴侣。这两种化身都源于天竺葵已经很廉价，随处可得，因为温室科技蓬勃发展（包括铸铁和平板玻璃的发明），使大量的植物增殖，温室也有足够的空间容纳。新的铁路网使植物分布更广，促进其大规模生产。

这些变化孕育了花坛种植体系，即夏季将温室培育的植物移植到户外。这种种植体系是对科学发展变化的积极响应。花坛种植是劳动密集型工作，城市沿街的花园、城市的公墓、公共植物园、公园展示出来的既是劳动，也是植物群。在1859年的夏天，伦敦的海德公园里种植的花坛植物约有3万到4万种。

种植花坛植物的工作包括许多方面。不耐霜寒的植物培育8个月才能走出温室进入人的视野；植物需要属于同一种类，至少是同一高度抑或在同一时间开花；植物之间的距离足够近，7月中旬时可以把花坛覆盖；秋天要挖去所有植物，春天要重新创造一个完整的、全新的花园。实际的工作远不止这些。即使在夏季也有密集的劳动，因为园艺工作者需要在花坛展出的每个细节保持不间断的警惕：枯叶和凋谢的花朵一旦出现必须清理；旁逸斜出的枝丫影响外观的整齐划一，必须修剪。花坛植物，摆设成丝带、圆圈、新月、逗号、腰子等形状，清楚地表明（汉弗莱·雷普顿也这么说）：花园是“艺术而不是自然”。天竺葵常常受到称赞，说它是“顺从、可塑的东西”，是完美的原材料。

在许多人看来，花坛种植体系逐渐体现出工业化产生的问题。人们如何能仅仅用“一团团的颜色”来对待大自然的活物，而不是把它们视为“聚集在一起的生命体”呢？园艺

作家福布斯·沃森（Forbes Watson）如此问道。这样的评价常常无法与那种简单势利的语言区分开来。我们听到人们使用势利的言辞讨论“艳丽的光彩”如何吸引“我们品味中的低级元素”，皇家园艺学会的生物学家安德鲁·默里（Andrew Murray）说道：“被艳丽的颜色攫取的是野蛮人，喜欢艳丽的颜色和个人的装饰，这是原始的野蛮行为的残余物。”看来，有更高级品味的人喜爱以自然主义的方法去种植色彩淡雅的、耐寒的多年生植物。

但是，有些天竺葵一直是人们接受的。大型的红色花坛象征工业化的规模文化丑陋的一致性，人们对这种文化的侵蚀也展开最后的、勇敢的抵制，因此增选摆放疏落、单个的盆栽植物。

盆栽的天竺葵成为家的明显标志，尤其标志着维多利亚时代理想的家乡村房舍。猩红天竺葵摆放在窗台上，说明屋内多么温馨、惬意，“干净、明亮”，就像经常拍到的与猫在一起的情形。利·亨特曾充满激情地说，天竺葵连叶子都是柔软的，“脾性温顺”，“正是这种感觉”，如同“服饰和舒适的设施”烘托了“家居的温暖”。夏季进入尾声时，人们把花坛植物拔起来抛弃了，可人与盆栽植物的关系持续多年，而且通过扦插，甚至可以代代相传。福布斯·沃森说：“请你观察猩红天竺葵。你有时在温室里看见它那长长的木梗延续了一年又一年，它可能有点不整齐，但是它会让你爱上它。”

说维多利亚时代的文学对天竺葵倾注了许多爱，可能有些夸张，但不过分。在《小妇人》（*Little Women*）里，陪伴

《在阳光下闪烁》（*Blinking in the Sun*），
拉尔夫·赫德利（Ralph Hedley），1881年

埃米·马奇（Amy March）的就是她的“宠物天竺葵”。在《珍妮的天竺葵》（*Jenny's Geranium*）里，没有妈妈的主人公把她的思想和感情都倾诉给自己的天竺葵，而这棵植物也“用自己意味深长的语言”作出回应。在真实的世界里，人对花的情感也很浓烈。牧师塞缪尔·哈登·帕克斯（Samuel Hadden Parkes）把植物分发给布卢姆斯伯里的穷人，记录了一位寡妇在收到一盆天竺葵后的感激之情：“我无法想象在这个世界上我还能像爱那盆天竺葵一样再爱别的什么。事实上，先生，我爱它的程度，仿佛它会和我说话。”诗人夏洛特·S. M.巴恩斯（Charlotte S. M. Barnes）发现自己挚爱的植物“干枯、萎靡、凋零”，因感伤而写下责备的挽歌：

你为何死了？为了救你
我呵护你，小心翼翼；夜以继日，
我拼命保护你，不要枯萎。
然苦心枉费，你叶落花殒，
你居然死了！

当然，并不是每个人都喜欢天竺葵。在维多利亚时代的一些人看来，天竺葵太普通、太商业化、颜色太红。威廉·莫里斯认为，天竺葵取得了几乎不可能实现的成就：它证明“花朵亦可极端丑陋”。奥斯卡·王尔德设想来生化作一朵花，他担心他无法化作拉斐尔前派风景画里的百合花。“也

列宁纪念博物馆前面的天竺葵，圣彼得堡斯莫尔尼学院（Smolny Institute）

画家马里奥·博尔戈尼（Mario Bogoni）1915年为意大利国家旅游局创作的海报

许因为我罪恶累累，”他风趣地说，“我会化作一朵红色的天竺葵！”——一株“没有灵魂”的植物。

今天，和巴恩斯、莫里斯相比，我们大多数人对待花的态度没有那么激情澎湃。事实上，我们把一切视为理所当然。你走在伯明翰、伯尔尼、布里斯班、孟买或者加利福尼亚州伯克利的任何一条大街上，你就能看到一两株天竺葵：从窗户上的一个盒子里垂下来，或者在小酒馆悬挂的花篮子里，与牵牛花舒适地待在一起；在办公室百叶窗的后面探出头晒太阳；在滨海区像灯塔一样闪烁；或者生长在当地的博物馆里。一般人都认为我们在旅游景点仰慕伟大人物的雕像，但是我们的目光很难离开那明亮的、红彤彤的天竺葵。

雪滴花

Snowdrop 只是雪滴花的一个英语名称。

还有许多其他英语词汇：snowflake（雪花）、snow bell（雪钟花）、snow violet（雪花紫罗兰）、dew drop（露珠花）、dingle-dangle（悬挂的装饰品）、shame-faced maiden（羞涩的少女）等等。人们熟知的雪滴花植物学名称“*Galanthusnivalis*”将希腊语的“Galanthus[1]”和拉丁语的“*nivalis*”（雪的）结合起来，

---

1 含 gala（牛奶）和 *anthos*（花）。

让人联想起奶白色的雪花。在英国，雪滴花于1月和2月开花；在罗马尼亚，人们在3月1日欢庆它的到来；俄罗斯作曲家柴可夫斯基创作了与十二个月份相关的四季钢琴曲，与4月相关的曲子被命名为《雪滴花》。在丹麦，人称其为“冬天的愚者”（vintergak），复活节时人们会依据传统把这个用来取笑人的花朵放在匿名的信封里寄给自己爱的人。

冬天时间充裕，人们的头脑里会冒出许多离奇的念头，而且有工夫关注细节。他们反复思考雪滴花六个颇似花瓣的组成部分（称为“瓣状被片”）外面三片较大，里面三片较小。这让诗人沃尔特·德拉梅尔（Walter de la Mare）想起“圣父、圣子、圣灵三位一体”，而科利特则如此思忖：“蜜蜂若有三个翅膀，它就是一朵雪滴花……或者，更确切地说，如果雪滴花有两个翅膀，它难道不是一只蜜蜂吗？”

雪滴花的一些名字（比如，它的法语名字“*perce-neige*”，意思是“穿透积雪”）足可说明，它为追求光而坚持不懈地向上伸展。用这种方式理解雪滴花就让人联想到英勇、战士、矛和盔甲，至少19世纪的儿童文学蕴含这样的联想。英国艺术家沃尔特·克兰（Walter Crane）把雪滴花呈现为“戴白色头盔的”士兵雄赳赳气昂昂地去和“霜王”（King Frost）作战。伊迪丝·内斯比特在一首诗里使用了这个意象，描写“小小的军队”打头仗，“为夏天而战”。她说，雪滴花银色的花枝出现时，“冬天的溃败”已成定局。

克兰和内斯比特均为费边社的成员，他们都相信社会主

义的实现需要依靠消耗和迂回而不是用革命行动进行正面进攻。费边社的名字起源于“拖延者”费边（Fabius Cunctator）以消耗战术对付汉尼拔骑兵时设计的“费边策略”。费边社的标志是披着羊皮的狼，还有缓慢移动、伺机“重击”的乌龟。虽然克兰的雪滴花戴着严实的头盔，他们的攻击还是显得有些鲁莽，因为它们下定决心要“打头仗”。在这种情况下，它们更像美国部队以及英国皇家空军中戴白帽子的警卫部队，在英语俚语里，雪滴花（Snowdrops）就是这种部队的名称。

若从男性的、非军事的角度来思考白色的小花，这着实非同寻常。特德·休斯无法做到很大的飞跃他的雪滴花是一个女孩，她“白色的头”不是头盔，而是“似金属一样沉重”。雪滴花的花朵悬垂摆动，这是一种聪慧的方式，可以在恶劣天气里保持花粉干燥。然而，人们通常把花朵的悬垂摆动解读为女性的羞怯。“我看见你低下头/你的额，仿佛害怕出错。”华兹华斯用诱哄的口吻说。也许我们应当把雪滴花看作中性的。英语名称“snow drop”（最初是分开写的）源自德语词*Schneetropfen*（珍珠坠）。十六七世纪时，时髦的男人和女人都佩戴这样的珍珠坠，或当作耳环，或从项链或胸针上垂下来。约翰尼斯·弗米尔作品中的“戴珍珠耳环的少女”很喜欢珍珠坠，沃尔特·雷利（Walter Raleigh）也喜欢。

沃尔特·克兰的图文著作《花神之宴：百花化装舞会》（*Flora's Feast: A Masque of Flowers*）中的雪滴花

雪滴花的大多数英语名字“Fair Maid of February”（二月的窈窕淑女）、“White Lady”（白女士）、“Purification Flower”（纯洁之花）、“Mary's Taper”（玛利亚的蜡烛）都非常女性化，因为它们和圣母玛利亚有千丝万缕的联系。具体地说，雪滴花是圣烛节的花朵。圣烛节是圣母行洁净礼的日子，即玛利亚在耶稣诞生40天后遵循犹太律法于2月2日在圣殿行洁净礼。这个节日也把基督教与更古老的节日联系起来，比如，古罗马的牧神节（2月15日），至少在地中海地区，人们在这一天庆祝春天莅临。再往北走，农民的历书总在寻找预示未来天气的迹象。

圣烛节晴朗明媚

严寒的天气即将到来；

圣烛节风雨交加，

寒冬已在圣诞节远去。

无论如何，在2月中旬时，英国教堂旁的墓地处处是雪滴花。在曾经是修道院的地方，也有大片的雪滴花，有可能是修士从意大利把它们带到英国的。16世纪以前，没有书面或任何视觉材料记录英国的雪滴花，到了18世纪70年代，人们发现它们是野生的。

在圣烛节，家庭成员迎接基督之“光”，把自己的蜡烛带到教堂接受赐福。在接下来这一年里，这些蜡烛用于家庭崇拜和祈祷神的护佑。比如，有人生病时，可能会在床边点燃一只蜡烛，以求庇佑。雪滴花因为“玛利亚的蜡烛”这个名字而成了一个符号的符号。作家谢默斯·希尼（Seamus Heaney）在一首诗里哀悼他四岁的弟弟克里斯托弗的死亡，他回忆说，蜡烛和雪滴花“是病床边的慰藉”。

人们认为，雪滴花的本质特征代表了基督教纯良、圣洁的女性美德（当然百合花等其他白色花朵也有此类特征），其中的一个原因是雪滴花和圣烛节之间的联系。19世纪的基督教福音派教徒认为，仅在教堂里接触雪滴花蕴含的宗教和道德教义，还远远不够，他们还需要把这些教义传扬给更多急需福音的人。因此，雪滴花常常在以儿童为目标读者的课本和杂志里出现。在美国主日学联盟（American Sunday School Union）出版的一个故事里，一个六岁的孩子学会在寒冷的冬天耐心等待，而当雪滴花最终在春天盛开“见证你的造物主的信实”时，孩子又学会了感恩。在另外一个故事里，一个孩子炫耀她的雪滴花，后来才知道，最好不要“愚蠢地炫耀”自己的运气。还有一个故事，一个即将去世的小女孩让她的哥哥放心，她会像雪滴花，归来时“纯洁、洁白、圣洁”。也有一些故事是从雪滴花的视角讲述的。有一篇故事专门“教育爱发牢骚的孩子”：有一朵花，总是“牢骚满腹”，后来这棵植物被移植到花盆里，摆放在一个生病的小孩卧室的窗台

基督教福音派小说《雪滴花》（*The Snowdrops*，又名《死而复生》*Life from the Dead*，1876）中的一个关键时刻

上，这朵花就找到了生活的意义。生病的小孩痊愈时，这朵花悄声说："我有用了，我真开心。我要变成上帝喜欢的样子，再也不抱怨了。"

我们有时仿佛看见，雪滴花在室内做的道德工作超过了室外开花的工作。埃德加·泰勒（Edgar Taylor）1823年首次将格林童话"Schneewittchen"(《白雪公主》) 翻译成英文，他把标题"雪白"（Snow White）改成"雪滴"（Snow-Drop）。加拿大第一本儿童杂志的名称刚好就是《雪滴花》（*The Snowdrop*）（1847—1853）。在19世纪末，谢菲尔德的工人阶层的女孩受到鼓励去参加"雪滴花俱乐部"（Snowdrop Bands）。这些社交俱乐部的宗旨是提醒女孩子杜绝婚前性行为和"有伤风化的举止"，远离"愚昧和坏图书"。坏图书有可能收录《亲吻》（*The Kiss*）这样的诗歌。有人认为《亲吻》这首诗是罗伯特·彭斯创作的，诗中温情地把"年轻人之间最宝贵的纽带"描述为"爱的第一朵雪滴花，初吻"。"雪滴花俱乐部"不是鼓励女孩们去亲吻，而是鼓励她们参加"棕色"晚餐活动，即种下植物球茎，还参加"白色"晚餐，即庆祝花朵的绽放。

雪滴花在宣扬"玛利亚就是新夏娃"这一理念时也起了作用。人们认为，第一个夏娃把死亡带到这个世界，因而遭到责怪和贬抑，新夏娃则因耶稣道成肉身而复活。这个理念应用到花朵上，应用到日历年度的各种仪式中，认同夏娃为冬之黑暗，玛利亚为春之光明。雪滴花将两个季节与这两个女人联系起来。民间流行的传说是，上帝把亚当和夏娃驱逐出伊甸园时，天就开始下雪。有一个天使显现，抓住一朵雪花，朝它吹了一口气，它就变成了一朵雪滴花，这预示“太阳和夏天很快就到了”。另外一个版本的故事说，变成雪滴花的不是雪花，而是夏娃的一滴眼泪，于是雪滴花就有了另一个名字——“夏娃的眼泪”。

这些联想有许多都融入了乔治·艾略特（George Eliot）的第一部、也是最淋漓尽致的讽喻小说《亚当·比德》（*Adam Bede*, 1859）。亚当·比德的母亲莉斯贝丝戴着白色亚麻布帽，“像雪滴花一样干净”。更重要的是，这朵花与故事的女主人公戴娜·莫里斯有联系，她放弃了在斯诺菲尔德棉花厂的工作，成为循道宗教会的平信徒传道人（戴娜戴着白色的“桂格帽”，“白色，均匀透明”）。小说一开始对“雪滴花”清醒的苦行主义持些许怀疑态度。戴娜说自己热爱斯通郡（Stonyshire）荒凉的乡村，超过了对生机勃勃的罗姆郡（Loamshire）的喜爱。莉斯贝丝听见这话立刻反击，说她把苦行生活浪漫化：“你说得轻巧，好像我采来的雪滴花日复一日地生长只需要一滴水、一抹阳光一样！饥饿的人最好离开饥饿的乡村。”但是，随着小说情节的发展，莉斯贝丝的批评就减少了，她渐渐看见戴娜就是一个“天使”，像“刚刚采来的雪滴花”，带着纯洁、温柔的光芒。这本小说最初的读者熟知花卉的象征意义，因此，当新夏娃和亚当·比德在伊甸园式的罗姆郡结婚、安家、养育孩子，读者一定不会感到吃惊。

人们通常把雪白色视为纯洁、良善的颜色，因为黑色被视为罪与恶的颜色。这是非洲裔美国人太谙熟的密码。在废奴运动期间，自由黑人、演说家、随笔作家玛丽亚·斯图尔特（Maria Stewart）常常告诫黑人，要“向世界证明……虽然你的皮肤如同夜色一样黑/你的心是纯洁的，你的灵魂是雪白的”。

奴隶制的结束，依照“颜色线”而建立的种族隔离体系加重了萦绕在人们心头的重重顾虑。保罗·劳伦斯·邓巴（Paul Laurence Dunbar）于1895年发表的一首诗闻名遐迩，它描述了非洲裔美国人遭受的压力，白人让他们“戴上面罩”，让白人看见想看的部分。后来的诗歌《悖论》（*The Paradox*, 1899）更具摧毁力量，他在诗中想象：面面俱到地去过矛盾的生活，这是什么感觉？一棵树如何在同一时间吐蕾、开花、长出“晚落的叶子”？一个人如何做到手指“黝黑”如土、双手却洁白“如雪滴花”？邓巴把雪滴花的象征意义从道德领域迁移至种族话题。如果说这么做显得牵强附会，那么，在四年之后的1903年问世的《世界迷信、民间传说和神秘学的百科全书》（*Encyclopedia of Superstitions, Folklore, and the Occult Sciences of the World*）这部著作又是如何评价雪滴花的呢？美国的这部《百科全书》如此说：（1）“雪滴花能保证佩戴者的思想纯洁”；（2）“女孩如果吃了她在春天看见的第一朵雪滴花，到了夏天她就晒不黑”。

热爱雪滴花的人用豪华的词语描述它。卡雷尔·恰佩克一向愤世嫉俗，然而他也受雪滴花的感染，他如此断言："这种生在苍白花梗上的、脆弱的杯状白花在自然风中摇曳，无论是知识树还是象征胜利的棕榈树、代表荣誉的月桂树都无法与之媲美。"最早对雪滴花痴迷的是维多利亚时代的人，有人把雪滴花的新品种从克里米亚半岛的战场上带到英国之后，掀起痴迷之风。最近几年，这样的激情又回升了。雪滴花现在只有20个种类，但是有几百个栽培品种供人们品鉴。2012年，"galanthophile"（雪滴花爱好者）这个英语单词最终收入牛津英语词典。雪滴花爱好者就像18世纪的耳状报春花爱好者，他们搭建"剧场"，为获得戏剧效果，以黑色为背景展示他们的宝贝。他们还定期聚会，讨论一系列复杂的问题，比如：叶子形状、花瓣大小、花朵的仪态，更重要的是，花朵顶部的绿色斑块吸引并指引蜜蜂授粉时的姿势。海伦·耶姆（Helen Yemm）特别指出，参加聚会的人"彬彬有礼，但情绪狂热"，有时候会大笔花钱。2015年，卷叶雪滴花（*G. plicatus*, 又名"金羊毛"，Golden Fleece）的一个球茎在eBay的拍卖会上售价达到1390英镑。

但是，雪滴花也不乏批评者。植物收藏家雷金纳德·法勒（Reginald Farrer）认为雪滴花是"一种冷冰冰、无人性、没有血气的花朵"，不仅无法报春，还"把冬天具体化"：他只要看见一朵雪滴花，就要冲到火炉边取暖。19世纪时，雪滴花被种植在墓地里，因此就得了"死亡之花"的名声。夏

洛特·莱瑟姆（Charlotte Latham）在1868年记录了西萨塞克斯郡的一些迷信说法。她说，许多人“害怕”这种花，因为“它看上去和穿着裹尸布的尸体一模一样”。在更多地方，人们认为把雪滴花（有时哪怕是一朵雪滴花）带到室内或者带给病人，都是不吉利的。这些观念与圣烛节的联想有如此直接的冲突，因此，理查德·梅比认为这些观念可能在根源上是反天主教的。莫斯科的土语在使用“雪滴花”时有一种不同的含义，指那些冬天死在街上（无论是自然原因还是其他原因）的人的躯体，“冰雪融化时才显现出来”。至少，这是A.D. 米勒撰写的一部小说的前提。

雪滴花也能让你一脚踏进坟墓，至少能让你得病。它整株植物都有毒，尤其是它的球茎。如果将它的成分摄入体内，你会腹部痉挛、腹泻、恶心、眩晕、呕吐。可是，当我们读到美国的一个生存试验的故事时，实在难以置信。1956年，一群美国空军士兵被遣送到一个没有人烟的岛上进行生存试验。他们连续九天几乎没吃什么，只吃一点煨熟的雪滴花。《伦敦新闻画报》（*Illustrated London News*）报道说：“他们回来后做了体格检查，没有发现显著的副作用。”

植物生化学家更加谨慎地研究雪滴花。他们在过去50年里一直在探索雪滴花的化学成分，考虑它在医药和农业领域内潜在的用途。

农业生物科技工作者一直对凝集素（lectin）感兴趣。研究者认为，凝集素是一组蛋白质，可以在植物内逐渐形成，阻止捕食者把这些植物吃掉。依据论证，如果植物本身可以驱赶捕食者，使用的杀虫剂就可以减少。在20世纪90年代初，遗传学家开始做实验：他们克隆可以替代雪滴花凝集素（GNA）的基因，把它置入小麦、水稻和土豆这些农作物里。研究者发现，雪滴花凝集素可以充当杀虫剂，杀死蚜虫、甲壳虫和飞蛾，效果良好，而且对哺乳动物没有不良影响。接下来就要看，这些使用GNA转基因的农作物是否安全。1998年，生物学家阿帕德·普兹太（Arpad Pusztai）在电视上发表声明说，他一直研究使用GNA转基因的土豆，发现这种土豆对老鼠有害。如果有别的选择，他“当然不会”吃这种土豆。人们从此有了争议。反对转基因食品的人们把普兹太看成了英雄，而一些科学家则发现他的研究有瑕疵，无法定论，不接受他的观点。今天，许多农作物都是使用GNA转基因的。

雪滴花的另一个重要派生物是名为“加兰他敏”（galantamine）的一种生物碱，它的历史没有太大争议。1951年，据俄罗斯药物学家米哈伊尔·马什科夫斯基（Mikhail Mashkovsky）的观察，乌拉尔山脉的村民把绿雪滴花（*G. woronowii*）的花朵碾碎，揉擦在前额上治愈头疼病，他们还

用这种植物的煎剂治疗小儿麻痹症。马什科夫斯基和他的同事看到孩子们没有瘫痪反而痊愈了，颇为震惊，因此，他们用了几年时间将活跃的成分加兰他敏分离出来，试验它在神经传递中的作用。1958年，保加利亚正式认可加兰他敏为一种药物。此时，正值“冷战”最严重的时期，这种药物成分没有从欧洲传播出去，到了20世纪80年代，研究者在寻找阿尔兹海默症的新治疗方案时，发现了这种药物。加兰他敏是一种有效的治表疗法，今天广泛地应用于阿尔兹海默症早期阶段的治疗。

还有一个老掉牙的难题，就是辨认荷马所说的“白花黑根魔草”究竟是哪一种“魔草”。研究加兰他敏也许可以解决这个难题。喀耳刻让奥德修斯的船员服用一种“邪恶”之药，“抹去他们记忆中想回家的念头”，赫耳墨斯则将“魔草”这种“强有效的”植物给了奥德修斯，让他免受“邪恶”之药的毒害。喀耳刻究竟用了爱琴海的哪种植物？人们有诸多猜想。最佳答案可能是含有阿托品的曼陀罗（*Datura stramonium*），它能阻断大脑中特定的神经递质，让人产生错觉和明显的记忆缺失。在1981年，随着人类对加兰他敏研究的深入，安德烈亚斯·普雷塔克斯（Andreas Plaitakis）和罗杰·杜瓦辛（Roger Duvoisin）在世界神经病学大会上发表演说，认为“白花黑根魔草”和雪滴花非常相像，如果它就是雪滴花，《奥德赛》就是“记录人类使用抗胆碱酯酶以逆转中枢神经抗胆碱能药物中毒的最古老的文献”。然而，在博福特公爵夫人的花谱收录的埃弗拉德·基奇的水彩画里，曼陀罗和它的解药雪滴花肩并肩一起生长。这纯属巧合。

居中的植物是曼陀罗，左边是“重瓣”（Flore Pleno）品种的雪滴花，右边是圆锥虎耳草（Saxifraga paniculata）。埃弗拉德·基奇（基奇乌斯），1703—1705年

杏　花

在冬天的某个时刻，寒冷仿佛永远不会结束，花园里的雪滴花也开始丧失它的魅力。然后，冷得直打哆嗦的北方人开始向南走，寻找更赏心悦目的雪花粉红色的杏花一阵阵如雪花飘落。

漫长的冬天饱含对南方的渴望，这是一个悠久的话题。今天，乘飞机从格拉斯哥到特内里费岛、从莫斯科到普吉岛都不算昂贵。然而，在过去，只有富人才有能力迁居异地过冬。18世纪晚期，英国贵族开始每年在法国、意大利的海滨避寒胜地过几个月，后来俄罗斯的贵族也有这种风尚。最初这样的旅行以治病为目的“日光浴疗法”可以缓解肺结核病事实上，到一个美丽的地方旅行无须理由。19世纪中叶，铁路的发展和旅馆的开设让更多的人来到海滨胜地避寒，艺术家、作家和中产阶层的人们逐渐加入避寒度假的行列。到了20世纪20年代，法国东南部的科特达祖尔成为主要的夏季休憩胜地。

与花儿一起“过冬”，这个想法魅力无穷。许多迁徙异地生活的人都喜欢种植带回家亦可成活的植物，最有名的是经营芒通市圣母玛利亚温室花园的劳伦斯·约翰斯顿（Lawrence Johnston）和管理卡弗尔拉玫瑰色海滨别墅的比阿特丽斯·德·罗斯柴尔德男爵夫人（Baroness Béatrice de Rothschild），在他们之前还有托马斯·汉伯里（Thomas Hanbury）。众所周知，汉伯里把威斯利公园（Wisley）捐赠给了皇家园艺学会。1867年，汉伯里彻底“厌倦了英国漫长冬天的寒冷和灰暗”，他在利古里亚海的海岸边买了一栋破败失修的宫殿，开辟了蔚为奇观的拉莫托拉花园（La Mortola）。他在每一个新年都从事一项重大的娱乐活动，记录当时花开的细节，把记录寄给园艺学期刊《园丁纪事》（*Gardeners' Chronicle*），“用以证明冬季时园艺在海滨胜地的发展前景”。汉伯里凭自己的常识就知道他的读者该多么羡慕他。“如果记录30小时的火车路程以外的500多种户外开花植物，出版这样一本花谱，让那些不得不忍受冬日严寒的北方人阅读，这

岂不是一项善事？”他如此问道。《园丁纪事》试图鼓励英国读者在他们郊区的温室里效仿汉伯里的做法，但是它不得不承认，“无论我们多么尽力，我们都不可能拥有海滨胜地那样充足的阳光”。

在意大利的托斯卡纳，天气更好。“粉红的房子，粉红的杏花，粉红的梨花，浅紫色的杏桃花，粉红的阿福花。”D. H. 劳伦斯如此热情洋溢地赞美。在西西里岛，二月末也可能“突然炎热”，杏花“在微风吹拂下像粉红色的雪”纷飞飘落。[1]

约翰·罗素（John Russell），《西西里岛的杏树与废墟》（*Armandiers et ruines, Sicile*），1887 年

1 在英国，一切事物的发生都会滞后，因此，诗人埃德温·阿诺德（Edwin Arnold）把杏花描述成“献给四月蜜蜂的礼物”。

劳伦斯在去地中海看杏花之前，他已经想象了许久。1909年，从未出国远游的劳伦斯写下一首诗，他把躲在树篱之下的春天的紫罗兰比作南方“恣意开放”的花。他说道，普罗旺斯、日本、意大利这些“幸福的乐园”都“在杏树下”，这不是巧合。1902年，劳伦斯和她的妻子弗丽达来到西西里岛，在东北部海岸边的陶尔米纳村租了一座山间房屋，他终于幸福地邂逅了杏树林。19世纪80年代，澳大利亚印象派画家约翰·彼得·罗素曾在附近的野外写生。如果细看罗素的《西西里岛的杏树与废墟》，你就会看到有一个花瓣沾进了颜料里。

天气并非一直施恩于太阳光的朝觐者。1888年2月，罗素的朋友文森特·梵高来到普罗旺斯，他发现真正的雪把这里的乡村变成白色，“俨然日本人冬天的雪景”。梵高和他的同代人一样，痴迷于日本（见《菊花》）。他来到法国南部，寻找题材，希望用这些题材回应日本木版画中令他羡慕的简明、平整的风格。除此以外，他还想模仿日本人那种“像花朵一样生活在大自然中”的能力。他使自己“越来越像”日本人，这意味着他要关注农民在田野和果园里种植的花，而不是在拉莫托拉这样的花园里追寻非同寻常的植物品种。事实上，梵高的两种代表性植物皆源自异域：向日葵来自墨西

哥，杏花来自西亚的山脉。迁居者长久住在一个地方，身上就会笼罩着当地的氛围。

梵高到达阿尔勒还不足一个星期，就给自己的弟弟西奥（Theo）写信说，霜雪依然在持续，但他还是从“一棵奋不顾身绽放的杏树”上取下一个花枝，画了两幅“小型习作”。画中的

文森特·梵高，《玻璃杯中的杏花枝》
（*Sprig of Flowering Almond in a Glass*），1888 年

杏树花枝剪得很短，摆放风格极简，明显受日本的影响：墙上的一道红线使桌子边缘的线条更显笔直；在这个背景里，绽放粉红花朵的杏树嫩枝，形成对角线，从原本空无一物的空间穿过。欧洲的静物画并非总是乐观的，它在呈现奔赴死亡的自然生命时总让人想起生命的短暂。但是，梵高的这幅画充满了喜乐的盼望。人们看到带叶的嫩枝就不禁想到，在这花枝的背后，还有更伟大的事物。而且，花朵中蕴含的粉红色的希望仿佛顺着这幅画向上走进墙上的直线里，然后进入梵高红色的有下划线的签名里。这表达了他想从普罗旺斯的生活体验中获得的一切。

两年后，梵高画了《盛开的杏花》(*Almond Blossoms*)，这是他向杏树和希望献上的礼物。这幅画是在室外创作的，给欣赏者的感觉是仰望“以蓝天为背景的大花枝”。1890年，西奥的儿子降生，他给这个男婴取名文森特，为的是向他的哥哥梵高致敬。梵高得此消息，于同年2月开始创作《盛开的杏花》，这幅画是送给这个男婴的礼物，梵高想把它挂在他婴儿床的上方。梵高画了一个月，他对西奥说，他认为这幅画“可能是最好的”，是他画过的“最耐心的作品”，因为他运用的是日本人的“沉静”和“画笔的坚定”。但是，这种乐观、自信的情绪没有持久，梵高毁灭性的精神崩溃发生的频率越来越高了。《盛开的杏花》完成后，他感到“发狂，如一头困兽”，最终于1890年7月自杀。

当然，梵高不只是画杏花。仅在1888年4月，他就在桃树、杏树、苹果树、梨树、李树这些果园里穿梭，运用“厚涂风格”“激情澎湃地”创作。他说，必须快速工作，“这整个的盛况”“会随时落地”而终结。梵高清楚地知道，我们看花的时候，我们看见树“欣喜若狂”，而且，正如普林尼所说的，这些树上的花朵“颜色千差万别，争奇斗艳”。但是，杏花截然不同。当其他树木还在长龙似的队伍里排队等待绽放、为满园春色做准备时，杏树在2月就开花，让人率先品尝春天的喜悦。杏花就是春天这场盛宴的餐前小点。

杏花和预言能力的关系首次出现在《圣经·旧约·耶利米书》中。在这卷《圣经》里，希伯来文“杏树”（*shaqed*）和动词“警醒”（*shoqed*）这两个词样貌相似，因此，希伯来语的文字游戏就这样强化了杏花和预言能力的联系。这种联系证明上帝认可耶利米是手持杏花的先知。许多诗歌和绘画都把绽放杏花的嫩枝放在主人公手里，显示杏花对家庭生活的预知能力。维多利亚时期，在一份杂志刊登的一篇作者不详的诗歌里，一位丈夫回忆起自己曾经“厌恶劳动”“厌倦生活”，因而深陷危机。直到有一天，他的妻子手握“杏花枝”出现了，她安慰他，“满怀憧憬地”描绘他们未来的幸福。无须说，事实证明，她描绘的一切都变成了现实。

杏树开花早，牧师和诗人从中获得很多启发，但是，几乎没有人询问为什么这种特别的果树会在它的近亲（比如桃树）之前打破冬眠。水果种植者总是担心大自然降下意想不

爱德华·伯恩·琼斯（Edward Burne-Jones），《宽恕之树》（*The Tree of Forgiveness*），1882年

到的晚霜。杏树为何开花早？对于果农来说，这是一个关键问题，也是遗传学家要回答的问题。他们都希望可以说服大自然放慢脚步，然而，神话的创作者从来不缺少解释。

我们来思考菲莉丝（Phyllis）和她远去的爱人德墨芬（Demophoon）的故事。菲莉丝以为德墨芬永不再回来，绝望中上吊自尽，化成冬天的一棵没有叶子的杏树（希腊语为 *phylla*）。万分愧疚的德墨芬最终归来，他看见已经发生的一切，痛苦地拥抱这棵杏树。在有些版本的神话里，这棵树接着长出了叶子；在另外一些追求生物学准确度的版本里，这棵树以爱回馈，于是绽放满树的花朵。两种版本都让有情人重归于好。

在维多利亚时代，这个故事颇受人们喜爱。画家爱德华·伯恩–琼斯（Edward Burne-Jones）因自己对待情人玛丽亚·赞巴科（Maria Zambaco）的方式深感愧疚，曾两次在画纸上描绘德墨芬拥抱杏树的情景。他将第二次的创作（此次更好地掩盖了情人的身份）命名为《宽恕之树》。在这两幅画里，德墨芬看到菲莉丝仿佛都不甚喜悦。画面的焦点并不在于女人从致命的羁绊或者从她的宽恕（画的标题可能让我们想到了“宽恕”）中走出来，伯恩·琼斯所有的注意力都在这个可怜的男人身上，他身体扭曲，试图要摆脱从树里走出来的跟踪者。伦敦《泰晤士报》认为，这幅画“极端令人反感”，但是亨利·詹姆斯非常欣赏画中“清新、润泽”的杏花。

还有一个与基督教有关的圣洁传说，在科特达祖尔外来人的社区里流传甚广。故事中的人物不是恋人，而是同胞姐弟。在《里维埃拉自然记录》（*Riviera Nature Notes*）中记载，有一年冬天，圣帕特里克去圣奥诺拉岛（Île Saint-Honorat）上的莱兰修道院去研修，他答应在果树开花时回到大陆姐姐的家里。姐姐在戛纳（Cannes），冬季漫长，她有些不耐烦。她请求果树早些开花，但是，"一棵树害怕霜冻，另一棵要躲避冷风的噬咬，第三棵树不愿意在其他树木光秃秃的时候自己开花那么惹眼"，只有充满同情心的杏树同意吐出花蕾。姐姐派人把一束花送到岛上，圣帕特里克适时回到大陆。这棵树"以姐姐的感恩之心和圣人赞许的微笑而感到自豪，自此以后，开花时间早于任何其他树木"。

杏树使人冰释前嫌、让人获得新生的能力，这也吸引了D.H. 劳伦斯。不过，他更喜欢强调杏花与从冥界归来的珀耳塞福涅（Persephone）以及从火焰中涅槃的凤凰之间的联系。在西西里的陶尔米纳，他从家里的露台观察枝丫交错纠结的杏树，他在这些树里发现了一个符号，将"遥远的地中海的清晨"与现代世界联系起来，从而表达他对20世纪重生的希望。在他创作于第一次世界大战期间的小说《恋爱中的女人》（*Women in Love*）里，一位主要人物自信地断言："繁忙的机器上开不出鲜花"，然而，在西西里岛的"南方古老的土地"上，界限看来不是绝对的。冬天的杏树，树枝扭曲交错，仿佛铁器（仿佛和劳伦斯一样，从工业化的诺丁汉迁移到这里），但是，劳伦斯发现，在这里"铁器都能发芽"：

这是铁的时代，

但是，我们要振作精神，

看着铁器吐蕾绽放，

看着生锈的铁器喷出花朵的云。

在西西里岛，铁器都有生命，对周围环境反应敏锐。在另一首诗里，光秃秃的树枝化作“变形的旧器具”，接着变成“一些奇怪的磁力装备”，这些装备精细的“钢尖”接受从埃特纳火山“以某种密码的”方式发出的电子信息。

劳伦斯对阳光和鲜花的追求并没有在西西里岛终结。他在斯里兰卡、澳大利亚、墨西哥和新墨西哥找到了许多自己喜欢的植物。但是，他从未忘记杏树。1930年，在他44岁去世前的几个月里，他又回到杏树这个主题。那时，他满脑子想的都是米德拉什[1]中的一个传说，尾骨就是身体的“杏树骨”。人死亡后，一个崭新的身体“就像一月的杏花”从“杏树骨”中诞生。“在地中海区域的南部，在1月和2月冬日的阳光里，你难道没有看见杏树立在荣耀的花朵云里得以重生吗？”他如此问道，“啊，是的！啊，是的！我会再次看到这个情景！”

1 米德拉什是犹太教用来解释和阐述希伯来《圣经》的布道书。——译者注

劳伦斯认为，杏树是人类与古老文明连接的纽带，他是对的。人们今天种植的杏树主要是甜杏树（*Prunus dulcis*）。这种杏树是从几千年前生长在亚美尼亚、土耳其和阿塞拜疆岩石林立的山边的野杏树中筛选出来的品种。人们对这个品种进行培育的时间和地点尚不能确定，但是，叙利亚的考古植物学家找到了11000年前烧焦的容器碎片，里面含有甜杏树的残余物。还有文字记载的其他证据。我们知道，杏树在到达埃及之前生长在巴勒斯坦和以色列。在《圣经·创世记》里，雅各派他的儿子们去埃及，去“那地给我籴些粮来”，给埃及人带去做礼物的就有榧子和杏仁。我们也已经看到，杏树在耶利米的故事里更加宝贵；在亚伦的故事里，亚伦的杖一夜之间“发了芽，生了花苞，开了花，结了熟杏”。所有这些符号最终在摩西所造的杏花状的灯台中变成了现实。今天，杏花状灯台是以色列的国徽。

在巴勒斯坦文化里，橄榄树是一个极其出色的符号，但是杏树也不至于被冷落。只是杏花的品质难以描述，难以理解。2008年，诗人马赫穆德·达维什（Mahmoud Darwish）俏皮地把这种困难与巴勒斯坦为获得政治认同而付出的艰苦努力相比较。他说：只有作家成功地描绘了杏花，每个人才会说“这些是我们国徽的语言”。

到目前为止我所讨论的所有积极的联想都与甜杏树有关。甜杏仁是一种仪式性的食物，它象征健康、幸福和运气，代表重生与繁殖；如果甜杏仁外面裹上一层糖衣，则更具仪式性。在许多不同的文化里，人们都会在婚礼上分发加糖的杏仁；在希腊，未婚的女孩有时把加糖的杏仁放在枕头下，期望梦见未来的丈夫。苦杏仁的香味有不同的含义。苦杏仁让人想起死亡和谋杀（尤其在阿加莎·克里斯蒂的小说里）；在加布里埃尔·加西亚·马尔克斯（Gabriel García Márquez）的小说《霍乱时期的爱情》中，尤文纳·乌尔比诺就把苦杏仁看作单相思的痛苦。当然，苦杏仁和氰化物有同样的气味。

所有杏仁都含有氰化物的前身苦杏仁苷。甜杏仁中仅含有微量的苦杏仁苷，苦杏仁（以及与杏仁相近的一些果实的外壳）中所含苦杏仁苷的量是甜杏仁的50倍。七八个苦杏仁就能要了一个小孩的命。苦杏仁的这种剧毒性，也是美国食品药品管理局最终对这种带壳果实的销售进行限制的原因。那些生产杏仁蛋白糖、杏仁小饼干或者意大利苦杏酒的食品生产商，如果能在制作产品中去除毒素，对他们可以不进行限制。人们一直推广苦杏仁苷“补充剂”（常常当作维生素B17来销售），将其作为癌症的“自然”疗法。但是，食品药品管理局因考虑到氰化物中毒的风险而严格限制苦杏仁苷“补充剂”的经销。在互联网时代，规则难以执行。科学的共识是，苦杏仁苷是对癌症治疗无效的一种剧毒产品，但是，人们不接受这种共识，认为它是既得利益者的阴谋。骗子们一如既往地用苦杏仁和碾碎的杏核贩卖希望。

今天，世界上82%的杏树都生长在加利福尼亚州的中央谷地。谷地由群山环绕，面积逾46 000平方公里，北部是萨克拉门托谷地，南部是比较干燥的圣华金河谷。约翰·缪尔在19世纪90年代造访此地时，他发现“光滑的湖床土质肥沃，鲜花盛开”。杏树要到达这里还需一段时间。西班牙人把杏树的干果带到了墨西哥州。他们沿着从圣地亚哥到旧金山的海岸线设立了许多传教区，他们就尝试在这些传教区内种植杏树。然而，温暖潮湿的气候状况并不适合杏树，他们种植杏树的热情大减。种植杏树无非是要找到一个冬天足够凉爽、夏天足够温暖的地方，不会有晚来的霜，降雨又充分。中央谷地恰好符合条件。在20世纪初，人们开始在这里种植杏树，还有其他坚果类植物、果树和蔬菜。20世纪20年代，杏树林占地约两万英亩；到了2017年，占地面积上升至100万英亩，主要在圣华金河谷的南部。种植面积的扩大主要发生在过去二十多年里。一方面，美国人认为杏仁“从营养角度看是人类可食用的最佳食物”，因此发起一场联合运动，推广杏树的种植；另一方面，

中国和印度的购买力不断上升。今天，杏仁是加利福尼亚州最宝贵的出口农产品。

然而，开辟的新果园刚好遭遇连年干旱，于是，杏树成为争论的热点：这些“田野里的工厂”究竟对生态会产生多大影响？杏仁的生产大约消耗加利福尼亚州水资源供应的10%，无论天气如何，杏树都需要不间断的灌溉（如果像往常那样用于种植莴苣和甜瓜，田地可以休耕）。虽然杏树种植者声称自己已经找到节水、蓄水的新方法，批评者却指出，真正的解决办法是种少点树。

与此同时，人们还关注传粉问题。20世纪50年代，中央谷地有足够多的蜜蜂来为所有杏树的花朵传粉。但是，对蜜蜂的需求快速上涨一英亩地需要两个蜂群，那就需要两百万个蜂群蜂群崩溃综合征[1]又导致蜜蜂数量减少，这意味着人们必须从俄勒冈州、华盛顿州、亚利桑那州和佛罗里达州运来许多蜜蜂。

养蜂人对杏树园数量的增长可谓喜忧参半。首先，租金持续上升（2000年时，一箱蜜蜂大约50美元；2019年，价格升至200美元）。其他作物（比如甜瓜、蓝莓和紫花苜蓿）的传粉影响蜂群的健康，杏花绽放的季节会让蜜蜂变得更肥、更壮。但是，把这么多蜜蜂集中在一个地方，会滋生螨虫、

1 蜂群崩溃综合征（colony collapse disorder），指的是蜂巢内的工蜂突然消失、蜜蜂蜂群大量死亡或失踪，造成蜜蜂族群短时间崩解这一现象。——译者注

病毒；此外，杏花花季短暂，花季过后，蜜蜂迅速“从享受盛宴沦为饥饿”。乔·特雷纳（Joe Traynor）是加利福尼亚州的一个蜜蜂经纪人。他最近有一番话：“杏树若不只是两三个星期的花期，而是常年开花，蜜蜂和养蜂人的生活会比蜜还甜。”然而，正如与杏树有关的一切，蜜蜂和养蜂人的生活着实又苦又甜。

致谢

我衷心感谢耶鲁大学出版社，感谢为这本书辛苦付出的每一位工作人员，尤其是露西·巴肯（Lucy Buchan）、菲利普·戴森（Philip Dyson）、珀西·埃奇勒（Percie Edgeler）、克洛·福斯特（Chloe Foster）、伊芙·莱基（Eve Leckey）、克拉丽莎·萨瑟兰（Clarissa Sutherland）等。我特别要感谢希瑟·麦卡勒姆（Heather McCallum），是她提议我撰写此书，并对本书提出睿智的建议。此外，玛丽卡·莱桑德鲁（Marika Lysandrou）和出版社许多匿名的读者也给予反馈，使本书的终稿得以升华，我由衷致谢。

本书涉及的博物馆、画廊和图片馆的工作人员为本书提供了许多图片资料，剑桥大学英语系为我提供经费，请接受我诚恳的谢意。我还要感谢皇家园艺学会的约翰·戴维（John David）和乔纳森·格雷格森（Jonathan Gregson），他们向我提供喇叭水仙分类系统的最新成果。

我一直很幸运，可以和许多亲人、家人讨论鲜花。我尤其要感谢给我许多美好建议的阿莉·史密斯（Ali Smith）、以墨西哥人的眼光看待万寿菊的西尔维娅·弗伦克·埃尔斯纳（Silvia Frenk Elsner）、借书给我并给予我精神力量的希瑟·格伦（Heather Glen）。还有珍妮特·博迪（Janet Boddy），寄给我许多印度的照片，只是没有用在书里，略感遗憾。埃达·博迪（Ada Boddy）为我提供俄文翻译，赠我香水，把《卡西诺山的红色虞美人》唱给我听。我衷心感谢你们。

我诚挚地感谢简·叶泽尔斯基（Jane Ezersky）在大洋彼岸为此书做至关重要的编辑工作，并给予我无尽的鼓励；还有，戴维·特罗特（David Trotter），我也诚挚地感谢你细致地阅读此书。

我把大束的鲜花献给你们。

图书在版编目 (CIP) 数据

花朵小史 /（英）卡西亚·波比 (Kasia Boddy) 著 ; 杨春丽译 . — 上海 : 文汇出版社 , 2022.7

ISBN 978-7-5496-3790-4

Ⅰ . ①花…　Ⅱ . ①卡…　②杨…　Ⅲ . ①花卉 — 文化史 — 研究 — 世界　Ⅳ . ① S68-091

中国版本图书馆 CIP 数据核字 (2022) 第 106196 号

花朵小史

作　　者 / ［英］卡西亚 · 波比
译　　者 / 杨春丽
责任编辑 / 戴　铮
封面设计 / 裴雷思
版式设计 / 汤惟惟
出版发行 / 文匯出版社
　　　　　上海市威海路 755 号
　　　　　（邮政编码：200041）
印刷装订 / 上海颛辉印刷厂有限公司
版　　次 / 2022 年 7 月第 1 版
印　　次 / 2022 年 9 月第 2 次印刷
开　　本 / 889 毫米 ×1230 毫米　1/32
字　　数 / 182 千字
印　　张 / 9.625
书　　号 / ISBN 978-7-5496-3790-4
定　　价 / 78.00 元